微流控芯片技术

吴元庆　刘春梅　著

Technology
of
Microfluidic
Chips

化学工业出版社
·北京·

内容简介

利用微机电技术制成的微流体芯片结合生物医学的特殊领域——生物微机电系统，已成为一种革命性的技术。微流控芯片具有体积小、试样及试剂消耗少、散热性好、灵活方便以及可重复使用等优点。本书探讨了基于流式细胞技术的微流控芯片的建模和制作工艺，建立了芯片的模型并通过仿真优化其内部结构，进行了用于微流体控制系统的微阀、微流量计的研制，为微流控芯片的多集成快速发展打下基础。

本书适宜从事芯片技术以及生物医学工程等专业人员参考。

图书在版编目（CIP）数据

微流控芯片技术 / 吴元庆，刘春梅著. —北京：化学工业出版社，2022.10
ISBN 978-7-122-42032-9

Ⅰ. ①微… Ⅱ. ①吴… ②刘… Ⅲ. ①化学分析-自动分析-芯片-研究 Ⅳ. ①O652.9

中国版本图书馆 CIP 数据核字（2022）第 155375 号

责任编辑：邢　涛　　　　文字编辑：郑云海　陈小滔
责任校对：王　静　　　　装帧设计：韩　飞

出版发行：化学工业出版社（北京市东城区青年湖南街 13 号　邮政编码 100011）
印　　装：北京科印技术咨询服务有限公司数码印刷分部
710mm×1000mm　1/16　印张 $8^3/4$　字数 175 千字　2022 年 10 月北京第 1 版第 1 次印刷

购书咨询：010-64518888　　　　售后服务：010-64518899
网　　址：http://www.cip.com.cn
凡购买本书，如有缺损质量问题，本社销售中心负责调换。

定　　价：98.00 元

前言

PREFACE

近年来，对肿瘤进行早期、高灵敏度、特异性、稳定性诊断，特别是高通量并行诊断，已成为全世界科学家关注的热点。微机电系统（MEMS）、纳米技术、分子生物学、材料学等领域取得了巨大的进步和突破，将这些技术结合起来，形成功能强大的检测系统，为生物探测开创了新的突破口。生物芯片技术是近年来在生命科学研究领域中崭露头角的一项新技术，它通过使用半导体工业中的微加工和微电子技术，以及其他相关的技术，将现在庞大的分立式生物化学分析系统缩微到半导体芯片中，从而具有处理速度快、分析自动化和高度并行处理能力的特点。

全功能微流控芯片实验室具有下述一些主要优点：分析的全过程自动化、生产成本低、分析速度可获得几千或几万倍的提高；所需样品及化学药品的量可减少至 1%或数千分之一；极高的样品并行处理能力；仪器体积小、重量轻、便于携带。

微流控芯片通过对芯片微通道网络内微流体的操纵和控制，完成化学实验室中取样、预处理、反应、分离和检测等分析功能，实现分析装备的微型化、集成化和自动化，最终实现芯片化，即所谓“芯片实验室”（Lab-on-a-chip）。

本书综合考虑荧光编码分析高通量并行悬浮阵列检测中的主要科学和技术问题，提出以纳米量子点作为荧光探针，磁微球作为载体（具有超顺磁性，连接生物探针，生化分析的主体），具有集样本预处理、反应、分离和检测等分析功能于一体的集成微流控芯片（集成样本培育单元，微泵，微阀，三维流体聚焦单元，自动分类筛选单元）和光学检测模块构建形成的纳米量子点荧光编码分析高通量并行悬浮阵列检测平台，用于复杂体系中特异性可控选择的实时检测，实现多颜色编码微球的生物高通量并行检测。

本书的出版得到辽宁省微电子工艺控制重点实验室、渤海大学微电子科学与工程专业的大力支持，在此致谢。书中不足之处，请广大读者指正，不胜感激。

吴元庆

2022年6月

目 录

CONTENTS

第1章

绪　论

生物芯片技术是微机电技术和生化分析结合的产品，已经成为研究的热点。该技术利用微电子工艺将生命科学中的分析过程集成在一块很小的芯片上，从而将仪器设备微小化，大幅提高其分析效率。微流控芯片是生物芯片的一种，发展迅速，它具有高集成性、高通量、微型化、省资源、速度快的特点。

1.1　微流控芯片分析系统的国内外研究进展

1990年，瑞士Ciba．Geigy分析实验室的Manz和Widmer等人[1]首次共同提出了微全分析系统（Miniaturized Total Analysis System，μ-TAS）的概念，分析步骤借由流体在芯片上的微管道内完成，因此整个流程又被称为微流体芯片。1991年，Manz等人在普通平板微芯片上进行了电泳实验，进行了分离操作与流动注射分析，为微流控（Microfluidic）芯片的突破性发展奠定了基础。1994年，美国橡树岭国家实验室的Jacobson等人[2]在ManZ的研究基础上进行了一系列电泳的实验研究，对其进行了改进，使其性能与使用性得到了较大的提高。1995年，美国加州大学Berkeley分校Mathies等人[3]在微流控芯片上实现了高速DNA的等速测序，微流控芯片的商业价值开始显现，各大公司相继开展相关领域的商品开发，推动了微流控技术的进步。1996年，Mathies等人[4]又将基因分析中的聚合酶链反应（PCR）扩增与毛细管电泳进行集成，展示了微全分析系统在试样处理方面的潜力。1997年，他们又实现了微流控芯片上的多通道毛细管电泳DNA测序，从而为微流控芯片在基因分析中的应用打下基础。进入21世纪，微流控芯片在我国政府各类基金的支持下迅速发展，从多个角度开展了许多卓有成效的工作。至2006年，中国科学家在微流控芯片领域SCI论文数已跃居世界第二[5]。2009年起，中国科学院大连化学物理研究所的林秉承研究员出任*Lab on a chip*杂志的编委，表明我国的微流控芯片研究已达到国际一流水平。2010 年 11 月，美国加州大学戴维斯分校的生物医学工程师们开发出一款用于微流控芯片的插入式接口，微流控芯片将形成下一代紧凑型医疗设备的基础。人们希望这一“适合移动”的接口在今后能像用于电脑周边设备的 USB 接口一样常见。如果这一技术能够得到广泛推广和发展，“生物计算机”的出现则指日可待。

与传统生化分析装置相比，利用微电子加工工艺将分析仪器微型化，整合于生物芯片上，不但能够降低成本，还可以大幅降低宝贵试剂的用量和减少人为因素造成的误差，同时处理生物信息的速度更快，效率更高。在这一方面，国内的许多科研单位做了大量的研究工作：大连理工大学在压印法制作微流控芯片上有很多的工作经验值得借鉴；中科院大连化学物理研究所在微流控的加工和制作方面做了大量的工作，为其在国内的大量应用打下坚实的基础；另外，东北大学、浙江大学、复旦大学等单位也分别在微流控芯片的制作和使用，以及关键工艺等方面做了大量的研究工作，为其在国内的推广做出贡献。

利用微机电技术制成的微流体芯片中布有许多管道，内径都在几百微米以下，甚至更小至几个微米。通过微机电技术，将小至几微升甚至纳升体积的液体导入布满毛细管道的芯片中，使液体在微管道中执行混合、分离、培养、加热、PCR 等与实验室相同的反应。这样除了可以降低生物样品用量外，更能对单一的生物体如细胞或基因进行操控及检测，从而得到在大型仪器上无法获得的生物信息。

将微流控芯片系统与流式细胞技术相结合，形成基于流式细胞技术的微流控系统，充分发挥二者的优越性，具有远大的前景[6]。流式细胞技术，是对处在流体状态下的细胞或亚细胞结构进行多参数、快速定量分析和分选的技术。微流控芯片具有体积小、散热性好、灵活方便以及可重复使用等优点，近十几年来受到了分析化学界的重视，并取得了很多有意义的研究成果，但关于它的研究多集中于区带毛细管电泳、毛细管凝胶电泳、胶束电动色谱及 PCR 检测等分离分析方面。微流控芯片的设计和研制也主要针对样品引入、分离以及柱前柱后反应等方面。关于细胞及其他微粒物质在微芯片上的计数及分选的研究却未得到应有的重视，研究成果也十分有限。在这一方面，1999 年美国橡树岭国家实验室采用动电聚焦技术支撑流式细胞仪，而密歇根大学研究了测量环境微生物的集成流式细胞仪，将其用于实际。国内在这一方面的起步较晚，浙江大学的叶晓兰[7]等开展了微流控芯片流式细胞仪的研制，进行了细胞分析的实验。吉林大学牟颖等[8]开展了基于荧光编码微球的流式细胞技术的应用等研究，为流式技术在微流控芯片上的大范围推广做出贡献。但是他们对于微流控芯片的细节加工等内容描述较少，对于流体聚焦尤其是聚焦形状的控制等工作没有细致讨论。本书在他们工作的基础上，对于微流控芯片的聚焦理论等展开研究，讨论了微流控芯片的加工工艺步骤，并开展了流体控制单元等部分的研究，使得微流控芯片的功能更强大，效果更精确。

1.2 微流控芯片的研究背景

近年来，微流控芯片发展迅速、功能强大，其加工制作工艺也多种多样。对于微流控芯片来说，加工过程主要包括材料选择、通道加工、表面改性和芯片封接等步骤，目前大多数微流控芯片都是选择高聚物作为加工材料。而通道加工、表面改性和芯片封接的手段有多种，需要根据实际情况来具体选择。

1.2.1 微流控芯片的加工材料

制作微流控芯片的材料有多种选择，主要包括半导体工艺中普遍应用的单晶硅、无定形硅材料，生物化学领域常用的玻璃、石英材料，以及应用越来越广泛的高分子聚合物材料，如环氧树脂、聚甲基丙烯酸甲酯（PMMA）、聚碳酸酯（PC）、聚二甲基硅氧烷（PDMS）和光敏聚合物等。这些材料的优缺点如表 1-1 所示，在微流控芯片中的应用也各有不同，主要与各自的性质有关[9-13]。

表 1-1 不同芯片材料的优缺点

材料种类	优点	缺点
硅	成熟的半导体加工工艺材料，可使用“光刻-刻蚀”成熟工艺批量生产；具有化学惰性和热稳定性	材料成本高，透光性差，电绝缘效果有限，表面存在多种化合物杂质等
玻璃和石英	优良的透光性能；可使用化学方法进行表面改性；可用光刻和刻蚀工艺进行加工；很好的电渗性质	深宽比低，加工成本高，加工时间长，键合设备要求较高，均一性一般
高聚物材料	品种多，可满足不同需要；透光性好；可用化学方法进行表面改性；易于加工，可以形成深宽比高的微通道；可批量生产且制作成本低	不耐高温，热导率低

硅材料属于半导体材料，其刚度和散热性能均有优势，它的缺点是绝缘效果差，高电压下会导电，因此不能适应电渗和电涌驱动等新型技术的发展；另外，硅材料是不透明的，加工出来的微流控芯片与生物医疗领域常用光学检测技术不兼容。因此，硅材料加工的微流控芯片已经越来越少见了。但它可用于加工微泵、微阀等液流驱动和控制元器件，也常被用于制作由热压法、模塑法制作高分子聚合物芯片时的模具和基底。

玻璃材料作为制作微流控芯片的选择之一，在许多参数上都比较理想，从强度上来说它比其他材料尤其是高聚物材料坚硬得多，且透光性好，能够兼容光学检测，其绝缘和散热效果也都比其他材料理想得多。但是玻璃的缺点限制了它的发展，主要是由于其加工工艺复杂、键合难度大、成品率不易保证、对设备有要求等。

在微流控芯片的发展过程中，高分子聚合物材料一直都是微流控系统的研究热点。高分子聚合物种类丰富、价格低、加工相对容易，同时高分子聚合物大多具有良好的透光性，便于光学检测，是目前微流控芯片制作所采用的主要材料。而且其工艺稳定，可以通过微加工工艺批量生产，从而使微流控芯片的低成本、市场化成为可能[14,15]。聚合物的典型代表材料是 PDMS（聚二甲基硅氧烷），这种材料的特点非常适合现在微流控器件的制备，本书正是以 PDMS 材料为基础加工和制作微流控芯片的。

1.2.2 微流控芯片的通道加工

微通道的加工目前主要有四种工艺，分别是 LIGA 工艺、激光烧蚀、浇注成膜以及印刻与压印。它们的加工原理不同，加工出来的通道的效果也完全不同[16-24]。

(1) LIGA 工艺

LIGA 取自德文，它是由 LI(Lithography，光刻)、G(Galvanik，电铸)和 A(Abformung，塑铸）三个过程组成的。采用 X 射线曝光，将预先准备好的图形转移到敏感光刻胶材料上，通常这种材料选择 PMMA（聚甲基丙烯酸甲酯）。接着采用电镀工艺，在光刻胶上形成一个互补的金属图形，剥离后得到注塑工艺使用的金属模具。再次将高聚物材料填充入模具内，并施加一定的压力，从而获得需要的微流控芯片。该加工方法的主要缺陷是价格昂贵，放射 X 射线源和掩膜板都需要极高的成本，所以 LIGA 工艺并不能满足产业化低成本高效率的要求。

(2) 激光烧蚀

激光加工是一种新型的微加工手段，它通过聚焦的紫外激光能量对需要的加工材料基片进行操作，通过光解作用，将掩膜上的图形复制到材料基片上去。而加工的深度即光解深度可以通过调节激光的能量强度等来精确控制。这种操作加工方法步骤简单、精度高，而且不需要超净环境，但是同样需要昂贵的加工设备，而且激光加工还有可能对人体造成损伤，需要有保护措施。激光加工过程容易产生微尘粒子，长时间加工后粒子聚集在通道内，造成通道凹凸不平甚至堵塞，容易影响微流控芯片的效果。

(3) 浇注成膜

采用浇注法制作微流控芯片，需要事先准备一个制作好的阳模，模具通常采用硅模具或者金属加工而成的模具，硅模具一般用光刻-刻蚀的方法来制得，而金属模具通常用 LIGA 工艺加工。将液态的聚合物材料胶体均匀浇注在阳膜上，待其固化后剥离，就可以得到一个带有微通道的基片，将此基片与盖片的表面进行改性处理后封接，就形成了所需要的微流控芯片。

(4) 印刻与压印

印刻与压印是一种批量制作的加工工艺，其目的是为了降低光刻工艺的成本。采用压印的方式可以大大提高器件的加工效率。压印工艺同样需要一个事先准备好的模具，将聚合物材料的板材（通常选择PMMA）与模具贴合放置于压印机内，加压并加热至聚合物材料软化，在压力的作用下将模具上的图形转移到聚合物材料上，降温至低于玻璃化转变温度时进行脱模，通过封接处理完成芯片的加工。

它们之间的技术比较见表1-2。

表1-2 微流控芯片的加工技术比较

加工技术	加工深度/μm	管道精度/μm	管道光洁度	深宽比	适用材料
LIGA工艺	1000	±0.1	好	极高	PMMA
激光烧蚀	100	±1	一般	较高	聚苯乙烯、PMMA
浇注成膜	>1000	±2	一般	高	PDMS
印刻与压印	>1000	±2	较差	极高	PDMS、PMMA

综上所述，LIGA工艺精度高，质量好，但是加工成本过高，大大限定了这种工艺的广泛使用。激光加工优势明显，但是其加工时间长，设备昂贵，而且通道平整度不高，同样不利于批量生产。压印技术作为光刻技术的替代技术，本身有很好的优势，利于批量制作，但是同样需要高质量的压印模具，而且产品质量和成品率均不易保证。所以，选择浇注工艺作为实验工艺，其优势在于产品质量好、深宽比高、对工艺要求没有其他工艺严格、设备要求低、易于批量生产等，是一种适合广泛使用的工艺。

1.2.3 微流控芯片的表面改性

制造微流控芯片的材料有许多种，其表面性质也各不相同。大多数材料尤其是高聚物材料，都有疏水性、表面电荷低及易吸附生物分子等缺点，电渗流较低。因此微流控芯片常需要进行表面改性，改善亲水性和生物兼容性等，以满足各种生化分析的需要。

表面改性就是指在保持材料或制品原性能的前提下，赋予其表面新的性能，如亲水性、生物相容性、抗静电性能、染色性能等。目前应用于微流控芯片的表面改性方法有很多，主要包括紫外光处理、等离子体处理、表面接枝以及化学处理等。

（1）紫外光处理

紫外光处理是一种比较经济的微流控芯片表面改性方法。该方法与等离子体处理相比，氧化表面深度更深且表面裂纹更少。紫外光改性能够提高聚二甲基硅氧烷（PDMS）微流控芯片的基片间的粘接效果，以及毛细管通道的电渗流性能。PDMS基片经紫外光射照后，粘接力增强，可实现PDMS芯片的永久性封合，同时亲水性得到改善，通道中的电渗流增大。

紫外光改性的效果与处理时间有密切的关系。孟斐等[25]研究了紫外光照射时间对粘接强度的影响。研究表明，照射时间在 3h 以下可以明显改善粘接强度；照射时间超过 12h 后，材料发生老化，PDMS 变得光滑和坚硬，弹性和粘力消失，无法完成芯片的封接；光照 24h 后，表面发生龟裂。经紫外光处理过的微流控芯片，PDMS 表面会逐渐形成有机硅层，从而使聚合物表面由疏水性向亲水性转变，同时增强电渗流以及减少反应物在表面的吸附[26]。

（2）等离子体处理

等离子体处理是当前较为流行的一种表面改性方法。等离子体改性是利用带电或中性粒子如电子、正负离子、自由基、原子、分子等对高聚物表面进行轰击，引起高聚物的交联、降解、刻蚀及表面改性。与紫外光处理类似，该处理方法的效果极大地取决于操作条件。

氧等离子体处理 PDMS 表面，使得其表面部分—CH_3—/—CH_2—等基团消失，同时形成了一层新的 SiO_x 及 C—OH 等极性成分，从而增加表面能，提高其表面亲水性能。李永刚等[27]研究了氧等离子体处理 PDMS 微流控芯片的效果，分别讨论了处理时间和射频功率等对表面改性的影响，得出处理时间过长和过短都不利于表面改性、处理时间在 2h 左右为宜的结论。射频处理功率不宜太大，否则不利于器件的亲水性，而氧通气量越大，获得芯片表面的亲水性效果越好。

另外，不同气体的处理效果并不完全相同。采用惰性气体等离子体处理，可以除去高聚物表面的低分子量的物质或使其交联为高分子量的物质,从而提高高聚物的粘接性。H_2O 等离子体处理 PMMA，可以增加 PMMA 表面的羟基和羰基，使其表面亲水性大大增加。含 N_2 等离子体处理，则可提高高聚物表面的亲水性、粘接力和生物兼容性。

（3）表面接枝

接枝聚合是聚合物表面改性的重要方法，它通过基体上接枝大分子链对表面进行改性，其主要优点是可通过选择不同的单体对同一聚合物进行改性而使表面具有截然不同的特性。它包括化学接枝及等离子体接枝、高能辐射、紫外光等引发的接枝聚合[28-32]。

（4）化学处理

化学处理是应用一系列的化学反应使基片氨基化、羧基化和烷基化。使高聚物微流控芯片的电渗流在改性前后产生较大变化。另外，材料的氨基化可使其表面有很高的金属配位性，用该方法可以在微通道表面上固定金属膜，从而可以应用表面提高拉曼散射的方法进行通道中的在线检测，也可以利用该方法在微通道中沉积金属膜电极[33-43]。

1.2.4 微流控芯片的封接

微流控芯片的封接是加工微流控芯片的最后一道程序。由于微电子工艺中无论是表面加工工艺还是体加工工艺，都无法完成复杂微通道的一次成型，所以需要将通道单独加工，然后通过键合、粘接、等离子体处理等方法，完成芯片的制备。

（1）键合

键合是微流控芯片加工中常用的封合方法。对于高聚物芯片可采用热键合，对于玻璃或者硅材料等需要采用阳极键合。

热键合的过程是将高聚物基片与盖片加热到略低于高聚物玻璃化温度，施加一定压力使两片高聚物黏合。

热键合的强度和效果主要取决于键合的三个主要参数：温度、压力和时间。Zhang等[44]将带有微通道的PMMA（聚甲基丙烯酸甲酯）基片与盖片置于压印机内夹紧，经过优化工艺参数和数字分析，在83℃和0.4MPa的压力下，持续7min，将微通道成功封合在一起，但通道有些许变形。李俊君[45]等则是将一片PDMS（聚二甲基硅氧烷）基片与另一片PDMS盖片预固化后贴合，挤出气泡并加热到85℃，持续60min使其封合。该方法通常适用于基片与盖片为同一种高聚物材料的情况。

玻璃材料的热键合需要高温，需要加热到500℃以上。中国科学院上海微系统与信息技术研究所提出一种低温键合的方法[46]，在真空条件下180℃左右成功完成玻璃微流控芯片的封接。Berthold等人[47]研究了玻璃-玻璃阳极键合工艺，预先采用IC工艺在玻璃表面沉积了氮化硅等薄膜，在温度不高于400℃、700V电压的情况下，10min完成对玻璃-玻璃的键合。键合示意图如图1-1所示。

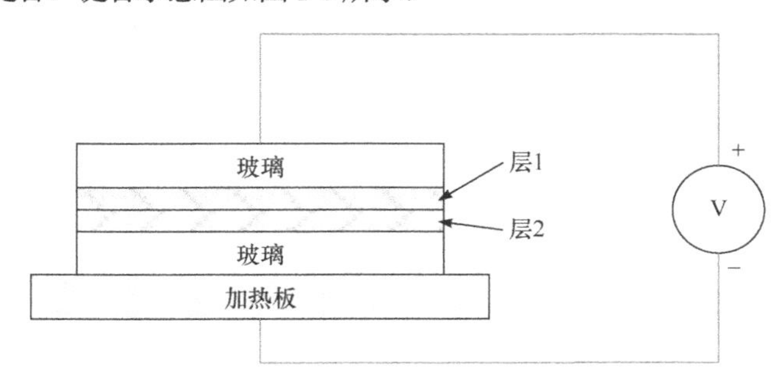

图1-1 玻璃-玻璃阳极键合的示意图

（2）粘接

粘接是一种在基片和盖片之间使用粘接剂进行封合的简单快速的封接方法，其效果主要取决于粘接剂的特性和基片表面的清洁状况。这种封接方法不受材料热胀系数的限制，可以在室温下操作，其最大的优点是可以集成一些对热比较敏感的材料或器件（如波导管、金属电极等）。已报道的粘接剂主要有硅酸钠等。但为了避免粘接剂堵塞微通道，对粘接层厚度有很大限制，通常不能大于几百纳米，因此制得的微流控芯片的封接强度不是很理想。

Lai[48]等采用树脂-气体注入胶粘接封合技术，制作了 PMMA 微流控芯片。该方法将树脂和羟乙基甲基丙烯酸酯（HEMA）组成的混合液体充入微流控芯片的通道、储液池以及基片与盖片间的缝隙，然后用氮气将通道和储液池中的液体吹出。微通道内剩余的树脂再进一步经过紫外光照射固化，最终完成基片与盖片之间的封合，形成 PMMA 微流控芯片。这种方法避免了热键合工艺造成的通道塌陷等问题，而且 HEMA 是一种表面处理试剂，对 PMMA 起到了表面改性的作用，大大改善了其疏水性。

Sayah 等人[49]研究了一种在室温下使用环氧胶粘合封接玻璃微流控芯片的方法。在玻璃盖片上旋涂一层环氧胶，厚度约为 1μm，升温至 80℃直到环氧胶开始硬化；最后将基片与盖片对齐，施加约 1MPa 的压力至环氧胶固化完全，从而实现比较理想的键合。这种方法操作简单，设备要求低，不需要高温加热装置。但缺点是粘接剂会使得微芯片上、下表面的性质不一致，导致芯片毛细管电泳的分析效率降低。

（3）等离子体处理

等离子处理高聚物微流控芯片是一种主流的封接方式，既可以增强键合力度，实现不可逆封接，又可以同时对材料的表面进行改性处理，极大改变了材料的疏水性。等离子体的短时间照射可以活化高聚物的表面，通过在其分子链上引入极性基团或功能性基团，提高高聚物材料的亲水性、粘接力、表面电荷密度、生物兼容性、渗透性等。

但是等离子体处理这种方式也有其限制，经过等离子体处理的材料表面需要在短时间内快速封接，如果时间稍长，处理的效果就会减弱，甚至导致封接失败。Morra[50]等发现，氧等离子体处理方法极不稳定，处理后的 PDMS 置于空气中，15min 内接触角θ从 30°迅速升至 79°（如图 1-2 所示），而封接的强度也随着时间的推迟而降低。

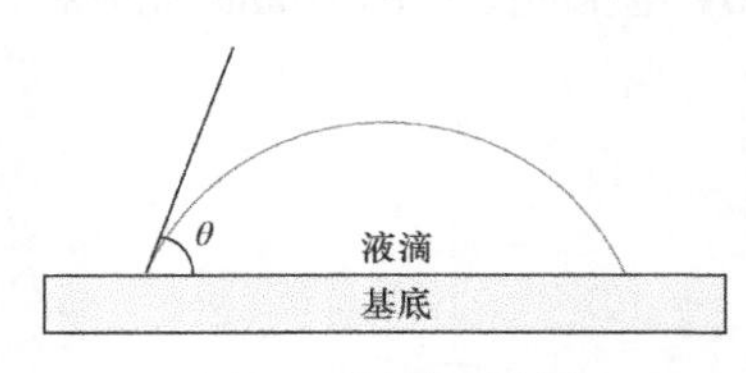

图 1-2 接触角示意图

（4）界面化学反应

Unger[51]等将含有不同组分配比（分别为 30∶1 和 10∶1）的 PDMS 相粘。其中相邻的两片 PDMS 中一片含有过量的 PDMS，而另一片含有过量的固化剂。两片 PDMS 基片结合在一起后，由于各自含有材料的组分不同，在扩散的作用下，过量的 PDMS 和过量的固化剂就在界面处向对面扩散，发生反应，从而使其永久封合成为一个整体。

1.2.5 微流控芯片的检测技术

按照检测原理，微流控芯片的检测方法大致可以分为光学检测法、电化学检测法、质谱检测法等，如图 1-3 所示[48]。

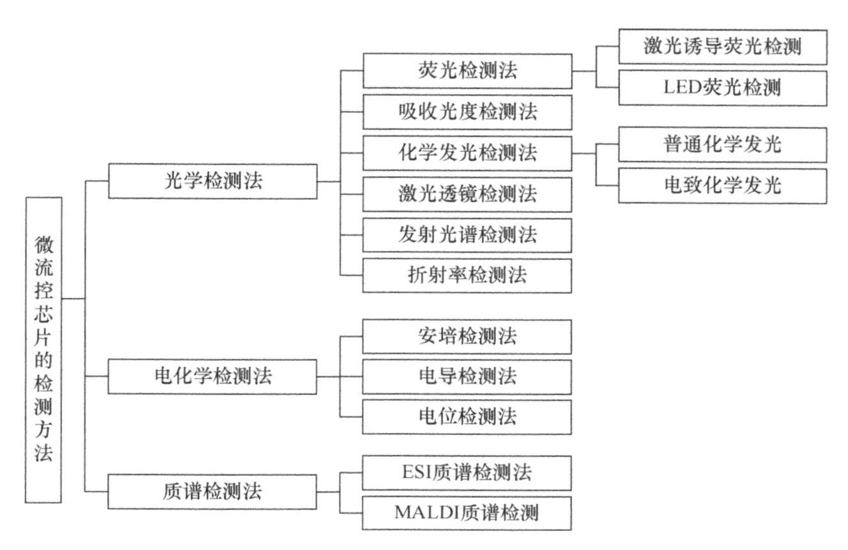

图 1-3 微流控芯片检测方法分类[48]

光学检测法又可根据检测的光信号来源分为检测吸收光的吸收光谱检测、检测受激后发射光的荧光检测、检测体系自身反应发光的化学发光检测等几类。其中，激光诱导荧光（Laser Induced Fluoreseene，LIF）是目前较灵敏的检测方法之一。LIF 具有灵敏度高、选择性好、响应速度快等诸多优点，是在微流控系统研究中最先被使用而且现在仍然常用的一种检测技术。

微流控分析系统中电化学检测系统的微型化、集成化研究近年来发展较快。这是因为在芯片上制作电极比较容易，而电化学的浓度检出限又不会随检测体积的减小而降低。此外，电化学检测器信号处理系统等外围设备比较简单，易微型化。

根据电化学检测原理的不同，在微流控分析系统中所采用的电化学检测器主要有安培检测器、电导检测器和电位检测器。安培检测器检测的是电极电流，具有电化学活性的待测物在某个恒定电位下可在工作电极上产生氧化或还原反应，反应产生的电子得失过程在系统中形成电流，这种氧化还原反应所产生电流的大小和待测物的量间存在数学关系，对这一电流进行检测，结合使用的电位就可对待测物进行定性和定量。该方法有一定的选择性，在 HPLC 和常规毛细管电泳中具有广泛的应用价值。由于其易于集成的特点，在微流控分析系统中的应用也备受重视，并主要应用于芯片电泳分离系统的检测。电导检测器对溶液电导率的改变进行检测，不要求待测组分在电极上具有电化学活性，故严格地讲，它并不是一种电化学检测器。电位检测器测定指示电极表面相对参比电极的电势，依据该电势大小对样品进行测定。在微流控系统中使用电位检测的报道不多[49-53]。

微流控系统与质谱检测器接口的设计与应用在进一步开展中。质谱（MS）技术能够提供试样组分中分子的结构和定量信息。由于电喷雾离子化（Electrospray Ionization，ESI）和基体辅助激光解析离子化（MALDI）两种“软离子”技术的发展，使其在特定条件下电离时依然可保持生物大分子的非共价相互作用，这对生物分子的组成和功能分析极为重要，故MS是蛋白和多肽等生物分子的研究工作中不可或缺的检测技术。当前使用接口将微流控芯片系统和MS联用进行MS分析更为直接，目前主要面临的问题是接口技术的解决。

1.2.6 微流体控制单元的应用

微流控芯片的主要工作目的是对通道中的流体进行控制，使其按照预定的程序进行工作。但是对于“芯片实验室”来说，仅仅通过通道来控制流体远远不够，需要控制单元来对流体实施精确的监控。控制单元主要包括微流量计、微阀以及微泵等。微泵的作用在于为流体提供驱动力，流量计用于监测流体的运行状态，而微阀则用来控制流体的通断，实现真正的控制。

（1）微流量计在微流控芯片中的应用

微流量计是 MEMS 技术的体现，它没有可动结构，测量精度高。目前市场上主要的MEMS流量计都是热式，采用恒加热或者恒温度模式，利用MEMS器件对于温度的敏感性，实现对流体速度的测量[52-56]。基于MEMS的流量计具有精度高、压力损耗小、反应灵敏等优点。正是由于流量计的这些特点，使得其被大量应用于微流体的分离和检测等方面。

MEMS流量传感器的设计和制作，是20世纪80年代由美国Honeywell公司率先开展的，当时的应用范围主要是气体的测量。1995年，Van Kuijk[57]等将热式质量流量计应用于液体的测量，丰富了微流体控制系统。2009年，国内 Liu Yaxin[58]等将热式流量计应用于液体的分离，大大提高了液体分离系统的可靠性和准确率。

MEMS流量计的出现极大地丰富了微全分析系统，把一个普通意义上的微流控芯片变成方便快速地检测诊断装置，而且流量计可以保证流体控制的精确程度，提高了分析的精确度，提高了实验效率。这对于生化分析和生物检测等都有重要的实际意义[59]。

（2）微阀在微流控芯片中的应用

微流控系统通过微阀对通道中的待测流体进行控制，从而完成待测流体的分析、分离功能[60-63]。热膨胀微阀通过对密闭阀腔加热，使腔体中敏感的液体或者气体体积膨胀来完成封堵通道的目的。这种微阀具有易集成、与流体隔离性好、可操作性强等优点，近年来受到广泛关注[64-66]。

2004年，Kim[67]等人制备出了一款集成了常开型热膨胀微阀的芯片，以PDMS作为膨胀膜，面积为140μm×40μm，当膜厚为70μm、输入功率为25mW时，薄膜位移量为40μm。当膜厚增加到170μm、外加电源为20mW时，微阀延时为25s。

2010年，Suriya[68]等人制备了一款以玻璃作为基底，以NiCr材料作为加热器的热膨胀空气型微阀，利用PDMS制成了加热腔、流道以及膨胀膜。该款微阀制作原理简单，在膨胀膜厚度为100μm的前提下，最大位移量为110μm，最短作用时间为6s。

微阀的意义在于保证了微流控芯片中可以自由控制不同流体的结合，避免不同液体之间的互相干扰，从而使化学反应、实验分析等的顺序和实验效果得到保证。

1.3 微流控芯片的研究意义

近年来，微机电系统（MEMS）、纳米技术、分子生物学、材料学等领域取得了无可争议的进步和突破，将这些技术结合起来形成功能强大的检测系统，为生物探测开创了新的突破口，而微流控芯片技术正适合这种强大的片上系统。

微流控芯片能制成具有不同用途的多功能缩微芯片实验室，应用范围主要为生物化学分析和快速检测，所需样品及化学药品的量为原来的几百甚至几千分之一，还有极高的样品并行处理能力，且便于携带。

流式细胞技术（FCM）是一种是对处在液流中的颗粒逐个进行多参数自动分析和分选的技术。流式细胞仪是基于流式细胞技术的基本原理，综合利用光学、机械、流体动力学和计算机控制技术的现代化生物医学仪器，在生物学和医学领域得到了广泛的应用。将微流控芯片与流式细胞仪结合，综合它们的优点，以悬浮微球为载体，量子点作为荧光标记，通过不同的荧光来对待检测物进行区分和统计，从而使它的用途更加广泛。

微流控芯片还要对流体有足够的控制能力，这就需要流体控制单元的存在，它们能够对芯片内的流体进行控制，使其按照既定的方案运行，从而达到快速检测、分析的目的。

第2章

流体聚焦的理论和优化

微流控芯片的应用范围主要为生物化学分析和快速检测，微流控芯片与流式细胞仪的结合可以使它的用途更加广泛。流式细胞技术（FCM）是一种可以对细胞或亚细胞结构进行逐个快速检测的新型分析技术和分选技术。流式细胞技术随着微流控芯片的快速发展正在迅速微型化。

流式细胞仪的结构示意如图2-1所示。

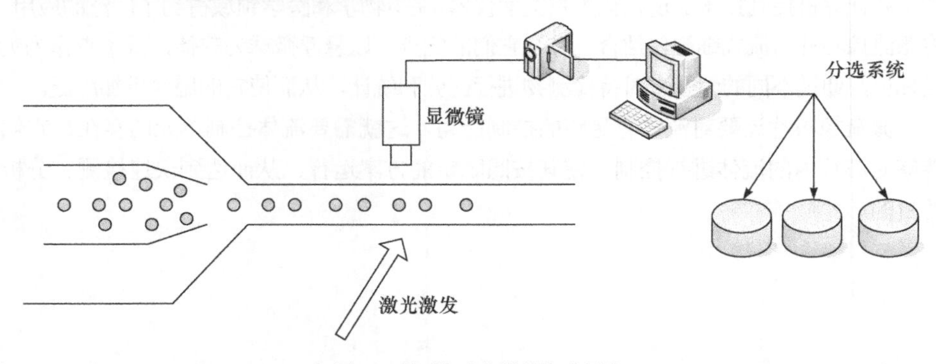

图2-1　流式细胞仪的结构示意图

可以从图2-1中看出流式细胞仪大致可以分为三个部分：待检测物分选部分、激光检测部分、光学读出部分。待检测物分选部分是整个仪器工作的前提。流式细胞仪的工作原理如下：待检测粒子或细胞通过流体的作用逐个单列通过检测区，待检测物被激光激发后由光学读出部分读出并记录，通过所激发荧光的波长来区分不同的粒子并进行统计。

从上述原理可知，流体聚焦和粒子单通的实现是流式细胞检测的先决条件，如果没有稳定的聚焦流和单通流，那么接下来的检测读出和统计都没有任何的意义。因此只有当聚焦流体的形状精确可控时，才能进行后续相应的检测，主要是医学或生物学检测。

微流体的聚焦主要是因为微观流体具有区别于宏观流体的层流状态。层流是微观流体具有的状态，性能稳定，而与之对应的紊流则是一个不确定的状态。微观状态下的管道长度很短，雷诺数也相对不大，所以一般情况下，微通道内的流体均被认为是处于层流状态。同时，由于微观物体的尺寸效应，即与体积有关的量作用下降，与面积有关的量作用显著，从而使得流体通道内的表面张力起主要作用。雷诺数反映了惯性力与黏滞力之比，所以尺寸越小的器件，其表面作用力的效果越显著。这也从另一方面反映了微观流体的性质。

雷诺数值定义为

$$Re = VL/y \tag{2-1}$$

式中，Re 为雷诺数；V 为流速；L 为流管的特征尺寸；y 为流体的运动黏度。

一般状态下的流体，层流和紊流通常靠雷诺数来区分，一般选择这个临界的 Re = 2000～2300。数值小于这个临界雷诺数时，会认为此时的流体处于层流的状态，即使存在部分紊流，也认为其流体会逐渐衰减而维持层流；相反，雷诺数很大时，认为此时是处于紊流状态。图 2-2 给出了流体在微观情况下的示意图。

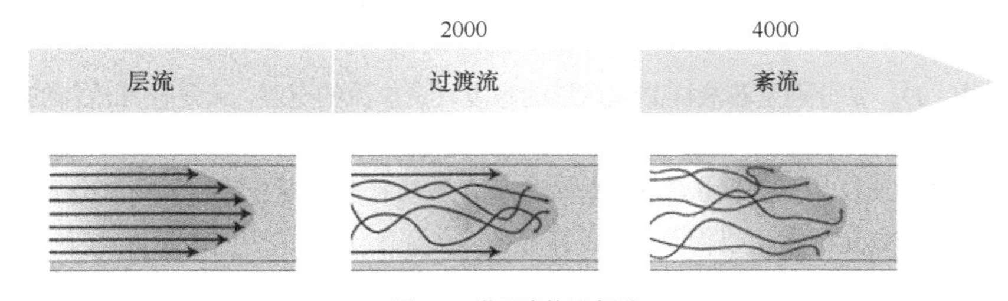

图 2-2　微观流体示意图

2.1　微流控芯片的聚焦

微流控芯片的聚焦原理如图 2-3 所示，位于中间位置的 D_2 口为芯液流进口，将需要聚焦的带球芯液从 D_2 口注入，里面包含需要进行检测的带有特定量子点的待测微球。位于两侧的 D_1 口和 D_3 口为鞘液流通道进口，主要负责对从芯液口进入的待检测悬浮液进行聚焦挤压作用。在两侧流体的挤压下，中间的芯液能够实现聚焦效果。

从图中可以看出芯液流在经过鞘液流的挤压后有了一个明显的聚焦区，在聚焦后，芯液流的宽度 d 大大小于初始的芯液进口 D_2 的宽度。将聚焦最稳定的阶段选择为检测区域，通过控制聚焦流的大小，可以让微球逐个通过聚焦区，以便让检测仪器可以准确、方便、快捷地完成检测。所有液体最后流向废液口，经废液口排出微流控芯片[69-71]。

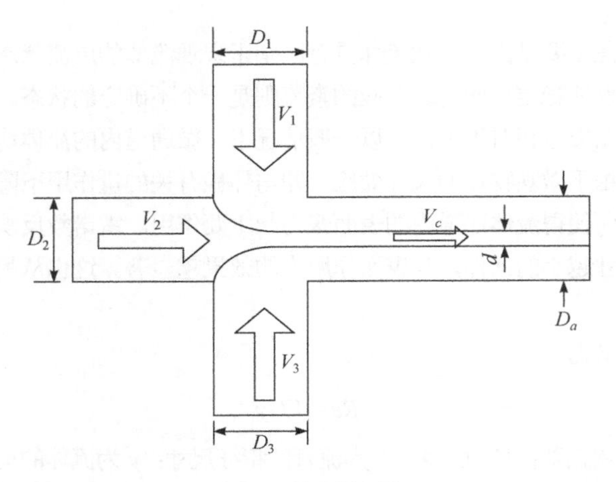

图 2-3 聚焦原理图

考虑二维情况下，样品流的状态是从宽的入口形态变成一条细的聚焦线状态。由质量守恒定律可知，同时通过中心管的流体质量和聚焦流中通过的流体质量应该相等。即

$$\bar{v}_2 D_2 = v_c d \text{ 或者 } d = \frac{\bar{v}_2}{v_c} D_2 \tag{2-2}$$

式中，D_2、d 分别是芯液样品流通道的宽度、聚焦流的宽度，v_2 是样品流体的流速，而 v_c 为流体聚焦完成后的流速。由前文可知，微观状态的流体处于层流状态，因此一些宏观流体的性质，如样品聚焦流体和鞘液之间的物质扩散、混合等被忽略。根据这样的假设和质量守恒定律，可以得到式（2-3）：

$$\bar{v}_a = \frac{\rho_1 \bar{v}_1 D_1 + \rho_2 \bar{v}_2 D_2 + \rho_3 \bar{v}_3 D_3}{\rho_a D_a} \tag{2-3}$$

D_1 和 D_3 是通道 1 和通道 3 即上下两个鞘液通道的宽度，v_1 和 v_3 分别是鞘液流体的流速，v_a 定义为在出口 D_a 处的流体平均速度，ρ_1、ρ_2 和 ρ_3 分别为对应三个入口通道内部流体的密度。假设此时，在通道出口处的微观流体是完全的层流状态，则在 D_a 处的流速剖面呈抛物线状分布。有如下等式：

$$v_c = v_{\max} = 1.5\bar{v}_a \tag{2-4}$$

式中，v_c 是聚焦后通道中心样品的流速，那么通过推导可知，流体聚焦后的宽度可以表示为：

$$d = \frac{\rho_a D_a}{1.5(\rho_1(\bar{v}_1/\bar{v}_2)(D_1/D_2) + \rho_2 + \rho_3(\bar{v}_3/\bar{v}_2)(D_3/D_2))} \tag{2-5}$$

式中，d 是流体聚焦后的宽度，ρ_a 是整个液体出口处所有流体的平均密度。

上面的公式可以用来预测聚焦流的宽度，可以看出聚焦流的宽度随着鞘液流和样本流的速度比上升而下降，如图 2-4 所示。

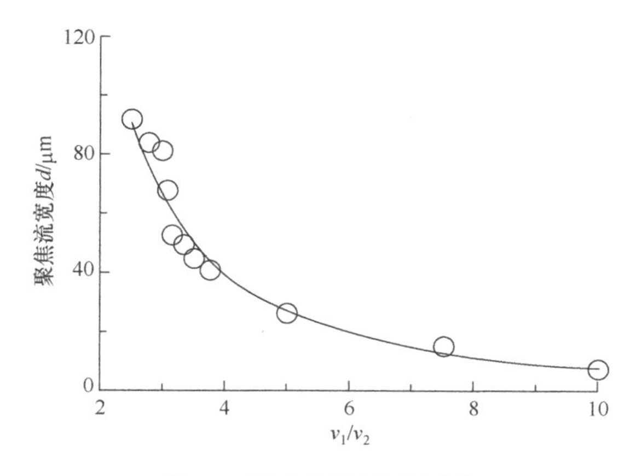

图 2-4　聚焦流宽度随速度比变化

2.2　微流控芯片关于流体聚焦的仿真

对于流体仿真，可以采用的工具有很多，CFD、COMSOL、IntelliSuite 等工具均可以完成相关的工作，本书主要研究使用 IntelliSuite 对流体仿真的过程。

（1）建立模型

采用的仿真软件是 IntelliSense 公司开发的 MEMS 软件 IntelliSuite。首先采用 3D Builder 软件模块来构建微流控芯片中的微通道结构，在微通道结构构建完毕后，再导入 Microfluidic 软件模块来进行微通道内的流体聚焦仿真，从而完成对器件的设计和优化。

构建一个“十”字形微通道结构模型，如图 2-5 所示，图中浅色部分为流体通道。

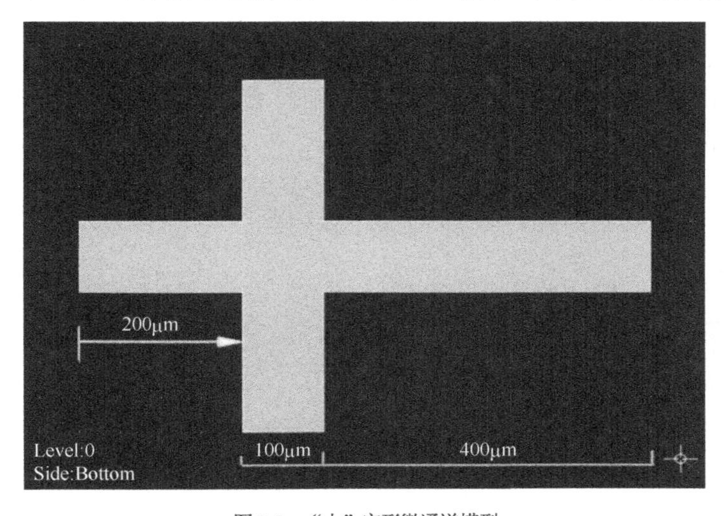

图 2-5　“十”字形微通道模型

微通道模型的左端为样品进样通道入口，上下两端为鞘液流入口，右端为废液出口。各通道的宽度均为100μm，左侧样品流通道和上下两个鞘液流通道长度都是200μm，废液通道长为400μm，中间交合区域为边长100μm的正方形，整个模型的厚度为100μm。

（2）仿真条件的设置

设置鞘液流体的材料参数。设置流体的黏度为 10^{-3}Pa·s，同时设定其密度为1000kg/m^3，介电常数选择在 80。设置样品流扩散系数为 6900μm^2/s，电泳迁移率为14000μm^2/（V·s）。设气氛压力为0.1MPa，设样品流浓度为10mol/m^3；选择分别把两个鞘液入口速度设为15m/s，而样品端口共设六个样品速度（10m/s，13m/s，15m/s，20m/s，30m/s，40m/s），如图2-6所示分别进行仿真比较分析。

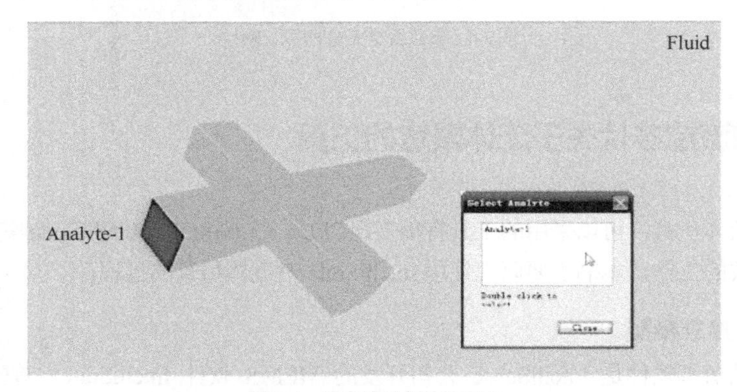

图2-6 仿真边界条件的设置

2.3 仿真结果

通过对上述情况的仿真，并对所得到的数据进行比对和分析，得到了如下仿真结果：

从样品流的聚焦仿真结果中可以直观地观测到，驱动力不同，造成的仿真结果也完全不同，如图2-7所示。

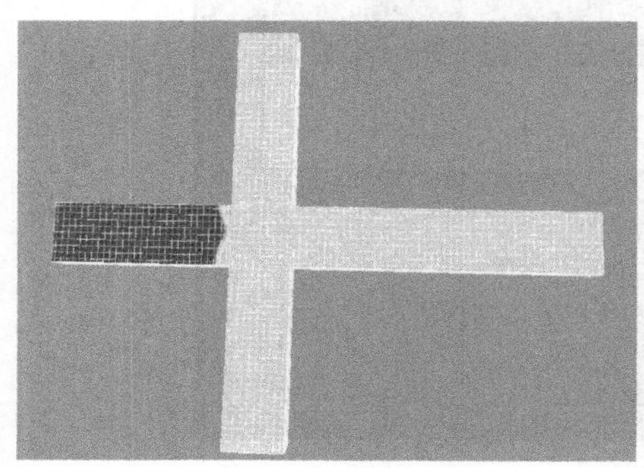

（a）10m/s

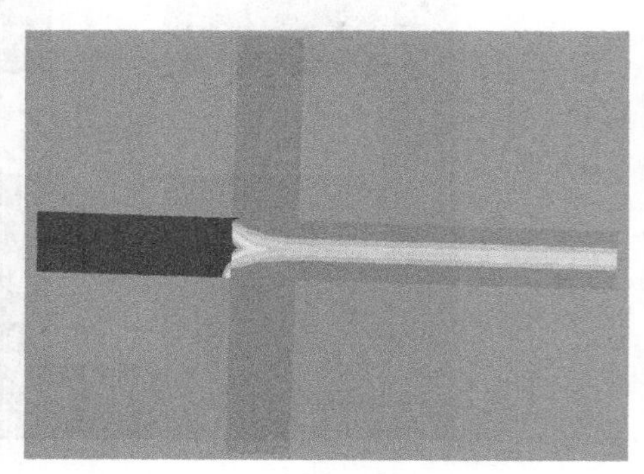

（b）13m/s

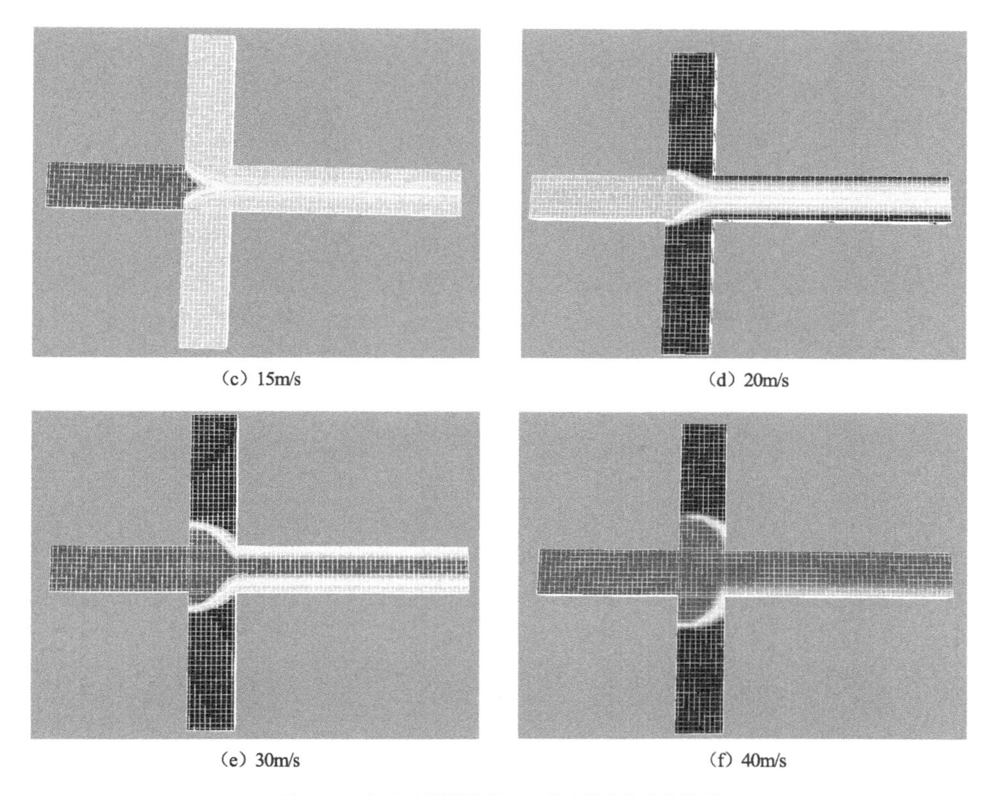

（c）15m/s　（d）20m/s

（e）30m/s　（f）40m/s

图 2-7　不同速度样品流情况下的流体聚焦仿真结果

从图 2-7 中可以看到，当最初样品流输入通道内部速度为 10m/s 时，样品流速远低于鞘液流输入通道内部的速度（15m/s），此时由于鞘液流的黏滞力很大，造成样品很难进入后端通道之中；当样品流的输入速度达到 13m/s 时，样品流渐渐进入后端的通道之中，聚焦效果初步显现，形成一条很细小的流体聚焦线；当样品流速度为 15m/s 时，与鞘液端口的流体速度相等，此时样品流已经达到交口处，聚焦位置前移，聚焦形状也更加明显，聚焦的宽度也有所增大，此时形成了比较完美的聚焦流；当样品端口速度为 20m/s 时，大于鞘液端口的流体速度，聚焦后流体的宽度逐渐增大，造成出口通道中样品流流速上升迅猛；样品端口速度进一步上升至 30m/s 时，样品流已经占据绝对优势，在鞘液的通道中也逐渐挤入了样品流体，造成其出口通路越来越窄，出口通道中的样品流聚焦宽度继续增大，鞘液流体宽度变狭小；当样品端口的速度为 40m/s 时，样品流进一步挤压鞘液通道，出口通道中甚至已经完全被样品占据，此时聚焦的宽度已经没有其实际的意义。

速度矢量的分布情况如图 2-8 所示，可以清晰地描述出流体不同驱动力对于聚焦形状的影响效果。

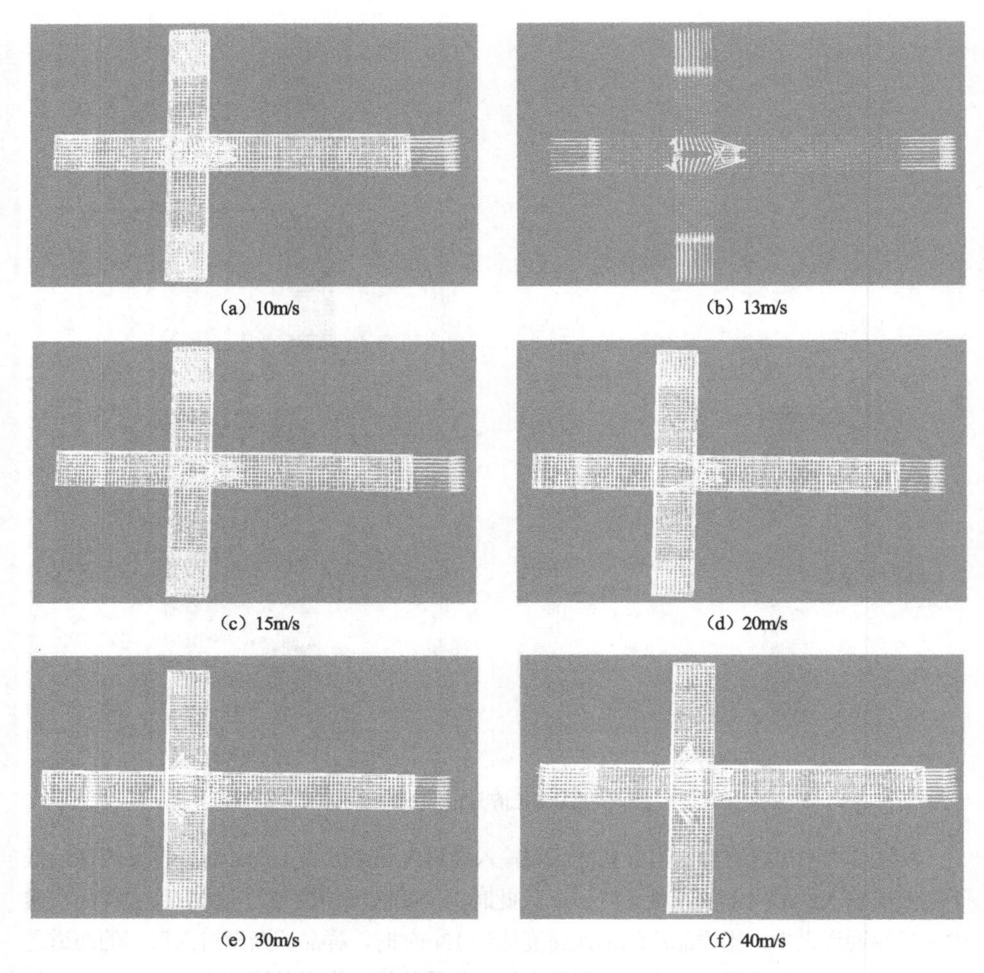
（a）10m/s （b）13m/s （c）15m/s （d）20m/s （e）30m/s （f）40m/s

图 2-8 不同速度样品流情况下的流体速度矢量分布情况

从图 2-8 中可以看到，当样品流体速度很低（10m/s）时，两侧的鞘液流由于速度相对大得多，所以在与样品流的交汇区域，会向样品方向偏移，从而造成样品流的两侧向内凹陷；当样品的驱动速度相对增大（13m/s）时，由于还是低于鞘液的驱动力，样品的形状还是会向内凹陷，但是聚焦的形状已有所显现；当样品速度增大至 15m/s 时，3 个入口的驱动力相同，形成较好的聚焦流，此时交汇区的流体速度矢量均偏向于出口；当速度继续增大（20m/s）时，样品流逐渐占据优势，会压迫两侧的鞘液流，从速度矢量上可以看出，交汇区域的速度矢量偏向两侧鞘液方向；速度增大至 30m/s 时，样品流向两侧的压迫越来越大，而聚焦的宽度也越来越大；速度增至 40m/s 时，样品流矢量基本平行于出口通道，出口通道内的聚焦越来越不明显。

对于微流体来说，其受到压力的大小与自身受到驱动力的大小有关。仿真结果中压力分布情况如图 2-9 所示。

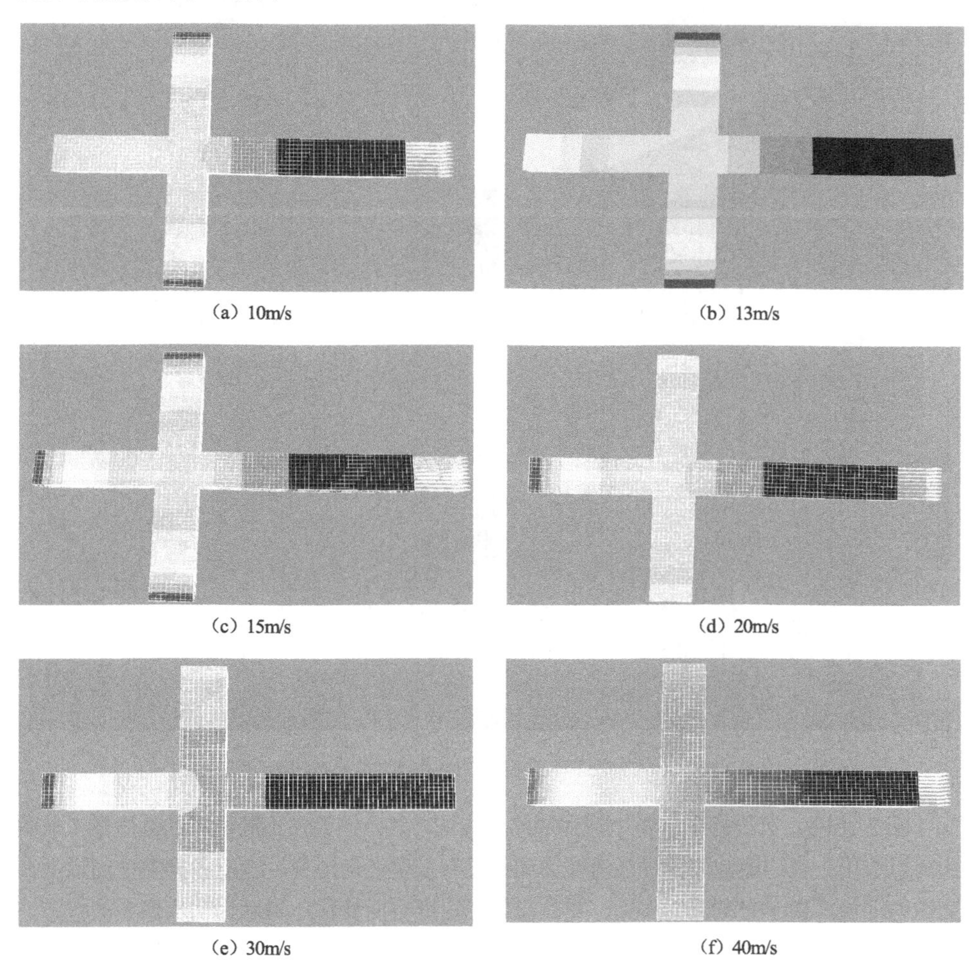

（a）10m/s （b）13m/s （c）15m/s （d）20m/s （e）30m/s （f）40m/s

图 2-9 不同速度样品流情况下的流体压力分布情况

从图 2-9 中可以看出，整个微流控芯片中压力的分布情况与初始条件的设定没有明显区别，压力随着流体流动逐渐下降。随着样品驱动力的增大，通道内的流体逐渐向出口涌动，形成聚焦的效果。但是如果样品驱动进一步加大，鞘液流逐渐被挤出通道，此时，聚焦的效果接近消失。由此可知，流体驱动力的大小决定了聚焦实验的成败，这需要在实验过程中精确控制。

在不同压力的情况下，样品出现的聚焦效果不同。在样品端口流体速度为 15m/s 的条件下，由于受到鞘液聚焦的影响，样品流体的宽度会逐渐收缩，最终样品流体在芯片中不同位置的宽度示意如图 2-10 所示。

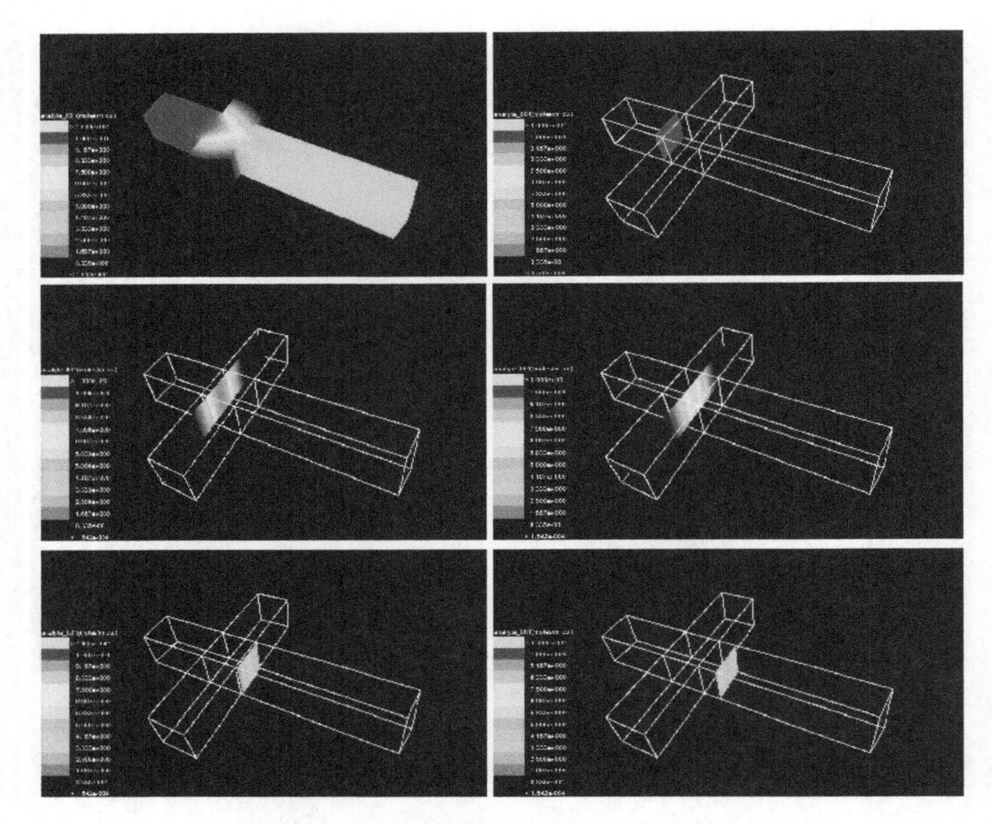

图 2-10　15m/s 情况下样品流体在芯片中不同位置的宽度示意图

图 2-10 中，第一幅图为整个流体通路效果图，其余的为在不同位置的截面图。从图中可以看出：在通道前段，样品流在通道中没有发生任何形变，宽度占据整个通道；在交口的区域，由于有鞘流的作用，样品流体的宽度有所变化，显示为初步聚焦的状态，宽度逐渐变窄小；而到了液体出口处，聚焦效果最明显，出现了一条聚焦流体线。通过不同位置聚焦流体的变化，可知流体在微通道内部逐渐聚焦成细流，与表面并无明显区别。

由此可以证明，微观状态下，流体是能够顺利实现聚焦的；微通道中的流体始终处于层流的状态，鞘液始终存在于样品的外侧；通过调整端口驱动力的大小，聚焦流体的形状是完全可以控制的，可以满足实验等的要求。

2.4 聚焦模型的优化

由式（2-5）可知，对于入口宽度一定的模型，聚焦的宽度取决于样品流和鞘液流速度之比，即对于固定的流速之比，聚焦界面的形状和聚焦宽度也固定。要想获得比较理想的聚焦界面，同时获得合适的聚焦宽度，就需要对模型进行调整，聚焦界面与夹角聚焦的示意如图 2-11 所示。

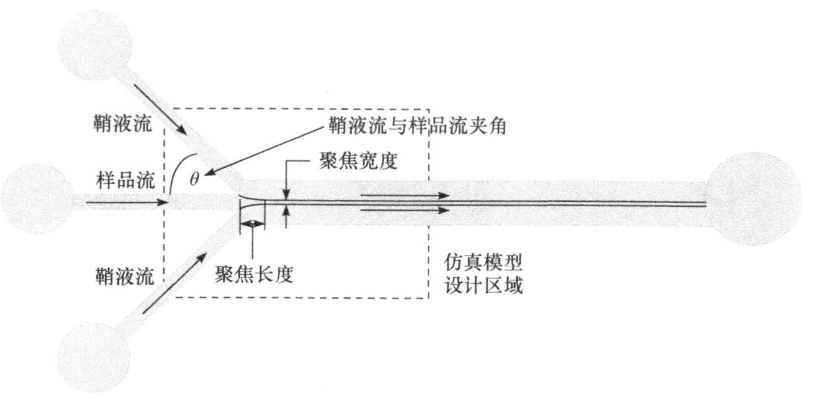

图 2-11　聚焦界面与夹角聚焦的示意图

由图 2-11 可以看到，将原先的流体聚焦模型进行改动，使鞘液流体呈夹角 θ 输入流体微管道内部，从而改变了原先垂直进入的结构状态。垂直进入时，由动量守恒理论可知，流体向出口方向的驱动力均来自样品流，所以当样品流驱动力不足时，垂直方向进入的鞘液流在黏滞力的作用下，形成样品流前进的阻力，当阻力相对于动力过大时，流体的聚焦效果就很不明显，甚至看不到。当呈夹角聚焦的状态时，鞘液流可以分流为前进的动力，从而减小对样品驱动力的限制。

2.4.1　聚焦交口的优化

（1）交口角度对于聚焦的影响

通过分析可知，聚焦宽度的变化来源于鞘液对样品流的挤压。聚焦流体宽度的变化速率取决于鞘液流在聚焦宽度方向的分量 $V_2\sin\theta$（V_2 为鞘液流速度）。夹角越大，相同条件下对于聚焦口的约束力越强，由液体进入到样品聚焦的变化速率越快，即聚焦长度越短。

图 2-12 分别为 45°、30°和 60°情况下，在相同驱动环境下的流体聚焦效果。

由图 2-12 可知，不同的芯片夹角，能够显著影响流体聚焦的效果；角度越大，对于流体的约束力越强，样品流的宽度变化越剧烈。图 2-12（c）中样品流宽度变化最快，进一步证明了这个理论。

图 2-13 为具体形变情况的比较。

图 2-13（a）为流体聚焦形变的原理。可以通过 x 和 y 方向（即垂直样品运行方向和样品运行方向）上变化量的比值，即 dy/dx 来反映变化速率的大小。图 2-13（b）、图 2-13

（c）、图2-13（d）分别为图2-12中（a）、（b）、（c）仿真结果的样品流变化情况，比较得知，30°情况下比值约为0.167，45°情况下约为0.175，60°情况下约为0.183。

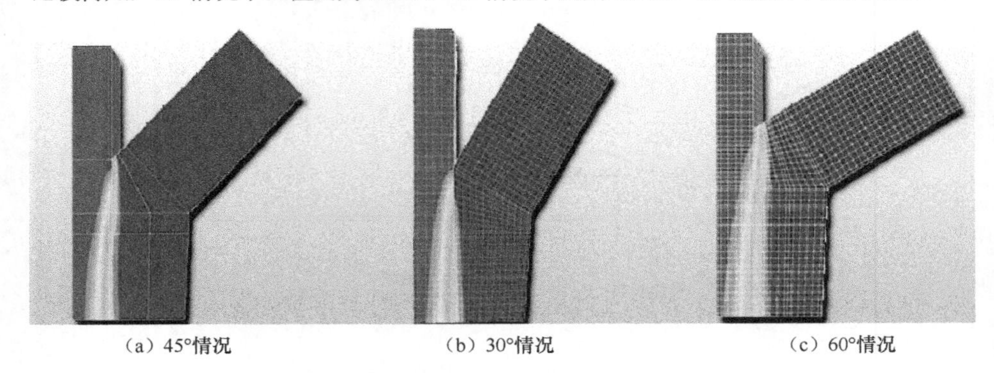

（a）45°情况　　（b）30°情况　　（c）60°情况

图2-12　聚焦角度对于聚焦效果的影响

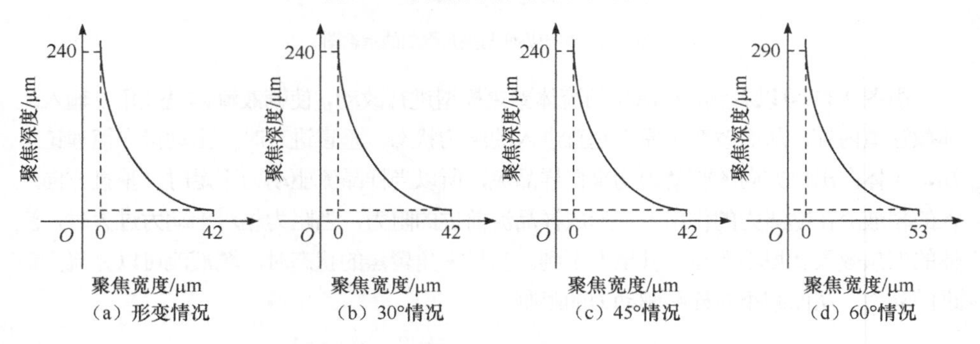

（a）形变情况　　（b）30°情况　　（c）45°情况　　（d）60°情况

图2-13　样品流在运行方向的形变情况比较

不同夹角情况下，将宽度dx换算成相同值，可得聚焦形状在样品流方向的变化值，如图2-14所示。

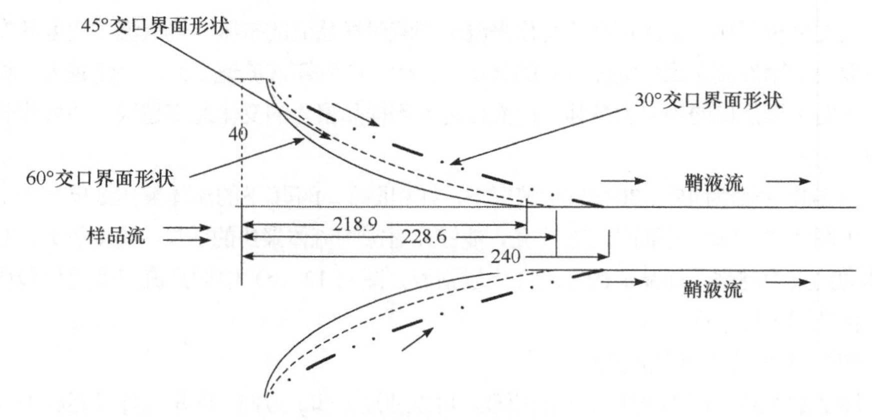

图2-14　不同夹角情况对于交口界面的影响

由图 2-14 可知，夹角的存在对于聚焦的长度也有影响。对于固定的模型，聚焦的长度取决于鞘液流与样品流的速度比。而夹角聚焦的情况下，由于角度不同，聚焦长度也有所变化，原因在于鞘液流从夹角方向进入通道改变了流体的形状。聚焦的长度随着夹角的缩小而增大，这是由鞘液流体的水平分量不同引起的，但大小并不正比于这个值。因此对于聚焦长度的调节，在不改变聚焦宽度的情况下，可以通过聚焦夹角的调整来实现。聚焦角度小有利于样品的节约使用，但是如果聚焦角度过小，会使得聚焦长度过长而影响到后端的检测。因此综合考虑，选择交口角度 60°作为样品和鞘液的夹角，这种情况下，可以有效调节交口的形状，同时又能顺利完成后端的检测。

（2）交口形状对于聚焦的影响

对于实际的流体聚焦来说，夹角聚焦可以改变聚焦界面，但是由于鞘液流直接冲击样品通道，聚焦的效果很容易受到外界环境的干扰。因此需要在夹角的基础上，对通道添加缓冲结构来保证流体聚焦的稳定性。本次仿真的目的是考察不同的交口情况对于流体聚焦的影响。

在不改变角度（夹角 45°）的情况下，使用三种不同的交口：①添加直接缓冲；②添加拐角缓冲；③添加弧形拐角。这三种情况下，样品流和鞘液流在交口处的距离均为 20μm，施加相同的驱动力进行仿真比较，仿真结果如图 2-15 所示。

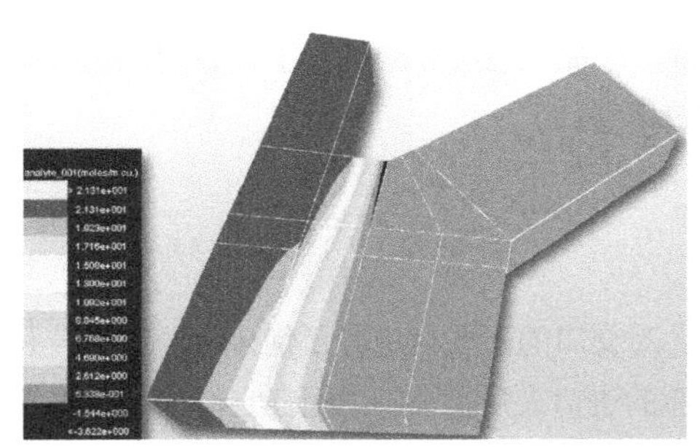

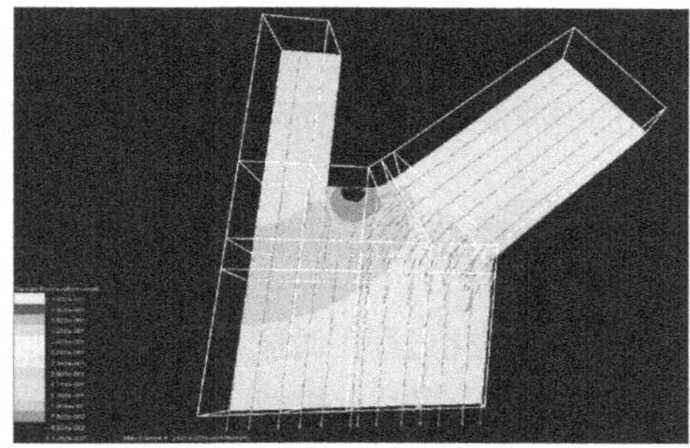

（a）直接缓冲情况下的聚焦及电流分布

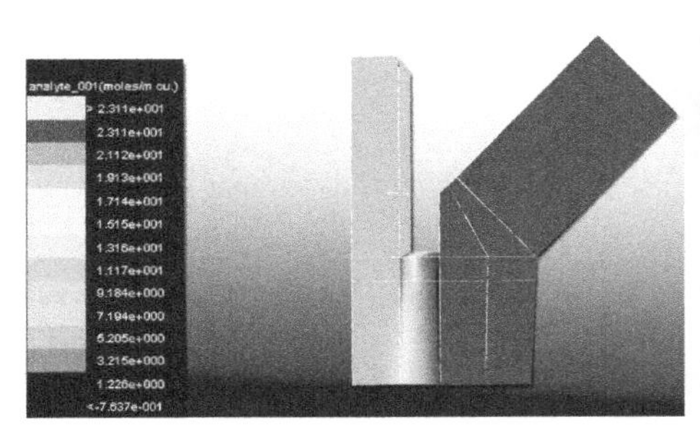

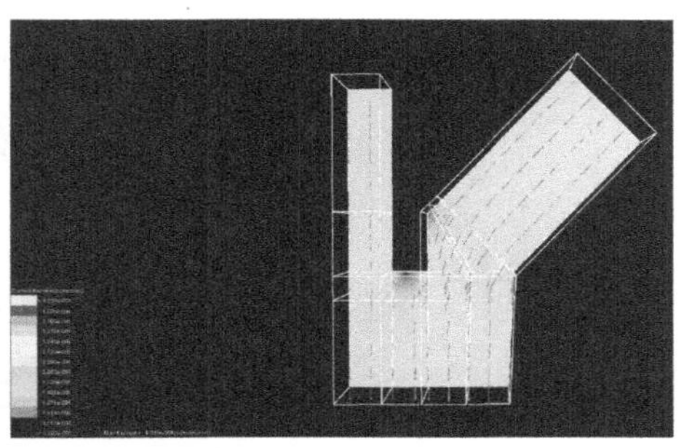

（b）拐角缓冲情况下的聚焦和电流分布

图 2-15

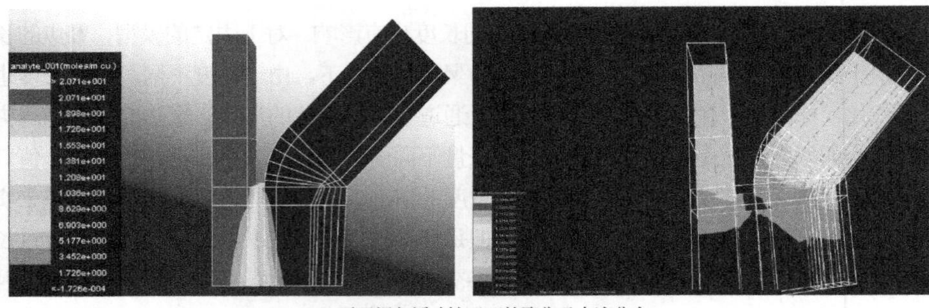

（c）弧形拐角缓冲情况下的聚焦及电流分布

图2-15　交口情况对于流体聚焦以及电流分布的影响

通过分析可知，图 2-15（a）的模型相对于图 2-12 中的模型，在样品通道和鞘液通道间加入了一段过渡区域，对样品流有一定的缓冲，但在流体相交过程中形成了很大的流体速度缓冲区，严重影响流体聚焦的效果，而且该结构抵抗外界影响因素的效果不理想。图 2-15（b）中，流体进行一次变向，使得鞘液流体受到通道壁的阻力，而且出口角度与样品流相同，对样品影响小，由仿真结果可以看出，此时可以起到很好的抗干扰作用。图 2-15（c）中，鞘液经过一个弧形通道过渡到样品流方向，此时鞘液流体有很好的缓冲，容易形成好的聚焦效果，但是由于流体的弧形形状以及层流状态，在弧形的圆心处存在一个扰流，这种情况容易干扰流体的运行状态，造成不稳定。因此，综合分析上述三种情况，图 2-15（b）的聚焦效果好，即加入的缓冲结构对于外界的扰动具有一定的缓冲效果，适合作为微流控芯片的交口模型。

2.4.2　构建优化后微流控芯片模型

以上的优化过程在调整交口角度的同时，对交口的形状也进行了优化，经过比较和分析，得到如下的优化模型：样品流和鞘液流的进口夹角呈 60°，而在它们的交口位置加入有效的缓冲层结构，如图 2-16 所示。

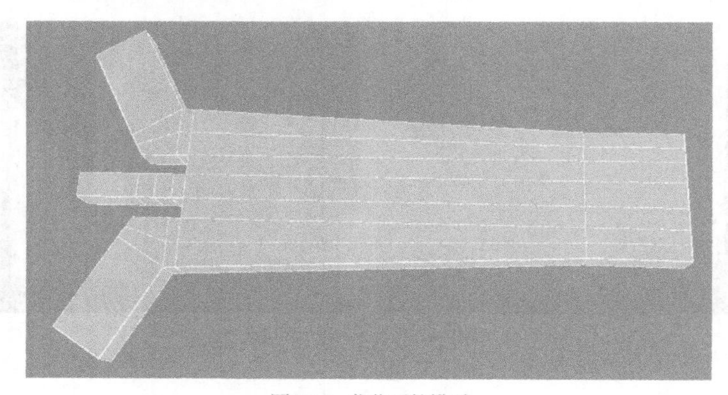

图2-16　优化后的模型

这种模型既实现了聚焦形状的有效控制，减少样品的消耗，同时又有效地减小了外界环境带给芯片的干扰，因此这种结构是理想的器件模型结构。

2.5　本章小结

本章讨论了流体聚焦的形状及其调整方案，通过讨论分析不同聚焦角度对流体的影响可知，聚焦角度能够影响聚焦的形状，即聚焦的长度随着交口角度的增大而减小，同时确定选择了夹角 60°的情况是适合的模型。通过比较和分析交口形状对流体聚焦情况的影响，得知有缓冲结构的模型能够起到很好的抗干扰的效果。综合交口角度和交口形状的影响，得出优化后的芯片模型。

第3章

PDMS 微流控芯片的制备工艺研究

随着现代微电子技术的发展，微流控芯片的制作技术有了很大程度的进步，应用范围也大幅提高。从生物分子的分离、捕获到新型生物化学材料的研制，从免疫类病毒检测技术到大规模推广的传染性疾病防治，微流控芯片已经不再是单纯的试验器材，已经逐渐演变成具有多种功能的全能型生物化学检测装置。再加上其生产成本的不断下降，可以预见，在不远的将来它将成为人们日常生活中常备的一种工具。

如第 1 章中所述，越来越多的材料可以用于加工微流控芯片，加工工艺也多种多样，因此加工出的芯片差别明显。本书提出了一套基于 SU-8 模具的 PDMS 芯片加工工艺流程，并进行了优化和讨论，最后成功加工出微流控芯片样片。该方法简单易行，适合微流控芯片的批量加工制作。

3.1 器件衬底材料的选择

目前选择器件衬底材料最重要的约束条件为：温度系数低（在一定的温度范围内保持物理和化学性质的稳定性）、表面足够光滑平坦、足够刚硬、有合适的尺寸方便微加工工具或机械进行处理。

其中温度性能是首要的，因为要在衬底上沉淀聚合材料必须达到 95℃甚至更高的温度。在这样的温度下，衬底不能扭曲、变软或者熔化。其次，衬底必须足够的光滑平坦，以便旋涂机器在晶片表面创造真空使晶片固定在卡盘上。足够刚性是指晶片在加工过程中能够支撑住自己，不至于边缘部分发生损坏等。最后，器件衬底为了方便校准，需要有像硅晶片一样的 4 英寸（in[1]）直径和 500μm 厚度，这是因为目前的大部分微加工工具都是针对硅微加工的，如果衬底像硅片一样，就会方便对其进行各种操作。

[1] 1in=25.4mm。下同。

衬底材料可以分为传统衬底材料、传统透明材料和试验中的透明材料三类。到目前为止，前两类材料已经成功地应用了，而第三类仍在开发中。

3.1.1　传统衬底材料

微电子工艺中，最常见的传统材料当然要属硅。对于微流控芯片要求的材料条件，硅材料显然满足较好的温度性能、足够的强度、有相对光滑的表面、有合适的尺寸大小、价格低廉几个要求。但是，硅材料也有一些缺点，包括易断裂和不透明等。硅材料自身的晶体结构，使得其容易在封装的过程或加工搬运的过程中出现晶体碎裂问题；材料不透明则意味着在芯片表面不能细致观察微流体的运行状况，不利于实验条件的改进和实验结果的获取。

表 3-1 概述了硅材料的各项性质。其他传统半导体材料，如锗等也可以采用，这些材料具有和硅材料相似的性质，但制造成本却比硅高，所以不在考虑范围之内。

表 3-1　硅材料的性质

硅材料参数	值
原子密度	$4.96\times10^{22}/cm^3$
密度	$2.328g/cm^3$
介电常数	11.7±0.2
带隙宽度	（1.114±0.008）eV
熔点	（1417±4）℃
折射率	3.420
热导率	157W/（cm · ℃）
晶格常数	5.4307Å
硬度	7.0（莫氏硬度）
本征载流子浓度	$1.5\times10^{10}/cm^3$
泊松比	0.42
弹性模量	130GPa[13]
线胀系数（线性）	（2.69±0.3）$\times10^{-6}$/℃

从材料选择方面，硅材料虽然满足大部分要求，但是对于芯片制造来说并不完美，所以可以考虑其他透明材料。

3.1.2　传统透明材料

为了克服硅材料不透明的缺点，可以采用透明材料。其中一种广泛应用的透明衬底是耐热玻璃（Pyrex），这种玻璃可以置于很高温度的环境中。虽然这种材料的价格约是硅材料价格的 6 倍，但是这种玻璃衬底是透明的，且制备过程中不易损坏。同时，其线胀系数和硅材料相近，从而可以作为微流控芯片制备中非常不错的替代品。

表 3-2 列出了这种材料的性质。

表 3-2 Pyrex 材料的性质

Pyrex 7740 材料的参数	值
密度	2.23g/cm^3
介电常数	4.6
软化点	821℃
折射率	1.473（589.3nm）
线胀系数	3.25×10^{-6}/℃
泊松比	0.20
弹性模量	62.75GPa

和硅材料相比，Pyrex 有一个主要的缺点，即制备工艺复杂，难以通过普通工艺进行加工。由于微流控芯片需要实现流体的流动，从而需要在 Pyrex 衬底上打孔，而 Pyrex 材料会在孔周围开裂，因此也不是合适的材料。

更昂贵的透明衬底材料，像石英玻璃、7070 玻璃和石英，都能方便地购买到。但是，这些“玻璃”质的材料和 Pyrex 有着一样的机械加工性质和问题。Pyrex 是最好的传统透明材料（除非对透射性能具有极高要求）。为了更好地权衡机械加工性质和透明度，在材料制作和选择方面需要进一步创新。

3.1.3 试验中的透明材料

理想的衬底，应该是光滑的、相对刚硬、透明的且易于加工。基于这些条件，塑料衬底（或同类材料）及聚合物类材料看上去是一种很好的选择。经过测试，几种塑料类衬底的优点、缺点如下：

（1）聚碳酸酯（Polycarbonate）

聚碳酸酯薄膜有极好的透明度和冲击强度，并有不错的温度性能[25]，然而，其绝缘性能很差。聚碳酸酯薄膜的一些性质在表 3-3 中列出。

表 3-3 聚碳酸酯材料的性质

聚碳酸酯薄膜的参数	值
介电强度	380V/mil
最高温度（大量）	115℃
线胀系数	6.75×10^{-5}/℃
抗张强度	62.1MPa
洛氏硬度	118

注：1V/mil=0.039V/m。

聚碳酸酯非常容易加工，可以任意切割或者打孔等。但是，聚碳酸酯缺乏耐蚀性，只能用低浓度的酸、酒精和适度的清洁剂清洗，而不能用溶剂、芳香烃、酯和酮清洗。所以，这种材料不能用传统的清洗方法，只能用水清洗并充分脱水烘干。

另外，这种材料会与未暴露的 SU-8（一种光敏环氧树脂材料，可以作为微流体流动层）发生反应，产生白色粉状物质，如果完全覆盖 SU-8 的话，会导致 SU-8 龟裂和卷曲。图 3-1 显示了聚碳酸酯薄片与 SU-8 结合 24h 后的情况。

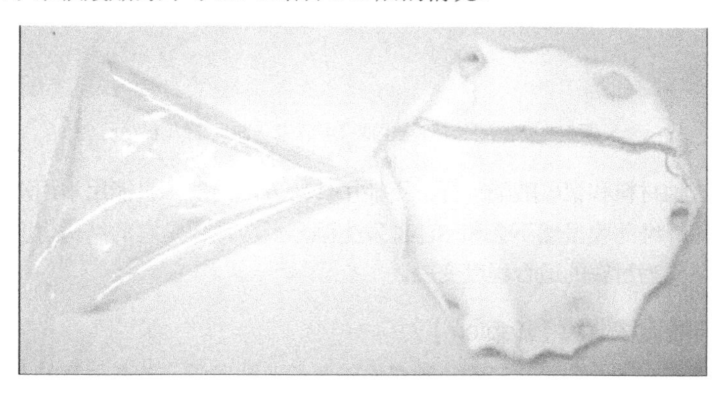

图 3-1　聚碳酸酯薄片与 SU-8 结合 24h 后效果

图 3-1 中，左侧的聚碳酸酯已经与 SU-8 分离，右边的为与 SU-8 反应产生的白色物质分离情况。所以，如果微通道的材料是 SU-8 的话，则不能用聚碳酸酯。

（2）纤维素（Cellulose）

纤维素材料（醋酸纤维）和聚碳酸酯材料性质相似，有良好的透明度和冲击强度，但其绝缘性能差。表 3-4 列出了这种材料的各项性质，大部分与聚碳酸酯相似，其中线胀系数比聚碳酸酯高，最高温度也高一些。

表 3-4　纤维素性质

醋酸纤维薄膜材料参数	值
介电强度	250～600V/mil
最高温度	123℃
线胀系数	10×10^{-5}～15×10^{-5}/℃
抗张强度	31.0～55.2MPa
洛氏硬度	85～120

醋酸纤维薄膜也存在耐化学性问题，强酸或者强碱能够使这种材料分解，但其可以用在弱酸和弱碱环境[27]中。如果用丙醇、甲醇和异丙醇清洗，会导致严重的后果，清洗前后的变化如图 3-2 所示。

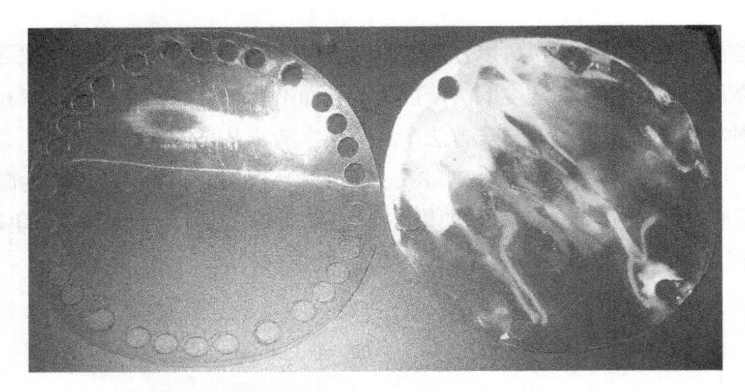

图 3-2 醋酸纤维薄膜被丙醇等清洗前（左）、后（右）

所以，这种材料和聚碳酸酯一样，不能用传统方法清洗，只能用水清洗，然后再脱水干燥。醋酸纤维薄膜虽然不会和 SU-8 发生强烈反应，但是它的结构也会轻微变化，使得这种材料作为衬底的适合程度变差。

（3）聚酰亚胺薄膜（Kapton）

Kapton 是 DuPont 公司生产的一种高性能聚酰亚胺薄膜，能在很宽的温度范围内使用，是很好的绝缘体，并且拥有很高的强度和耐化学性。表 3-5 列出了 Kapton 500HN（127μm 厚）材料的一些性质。它的抗张强度和介电强度比聚碳酸酯和醋酸纤维薄膜高了很多，但其线胀系数稍低了一些。Kapton 能在高达 400℃的温度下使用，这比下面将要描述的 SU-8 或 PDMS 聚合材料沉淀所必需的温度高出很多。

表 3-5 DuPont Kapton 500HN 薄膜的性质

Kapton 500HN 材料的参数	值
密度	$1.42g/cm^3$
介电强度	3900V/mil
介电常数	3.5
体电阻率	$1.0\times10^{17}\Omega\cdot cm$
最高使用温度	400℃
线胀系数	2×10^{-5}/℃
抗张强度	165MPa
弹性模量（25μm 厚）	2.5GPa

但是，Kapton 薄膜不是透明的，而是半透明的褐色，紫外线的穿透率几乎为 0。这个性质使得它适合作为微通道的衬底，而不能用于要求透明的应用场合（例如需要紫外线光黏合的情况）。除了透明度问题，Kapton 的电性能、力学性能和温度性能非常适合作微流体衬底。

3.2　微流动层材料的选择

对于微流体器件的微流动层的材料选择，要求比较严格。因为微流动层的材料性质决定了图形化的精度、微通道的尺寸、对微通道中流体的反应速度、封装策略和其他因素。

根据相关文献，微流体网络一般由很多材料组成——玻璃、硅和一系列聚合物。其中有两种材料备受关注：SU-8 和聚二甲基硅氧烷（PDMS）。因为这两种材料在微流体器件中既可以作为微流动层，又可以作为密封材料，而且容易获得并容易沉淀和图形化。

3.2.1　环氧树脂类负性光刻胶（SU–8）

SU-8 是一种环氧树脂类负性光刻胶，由 IBM 公司开发并获得专利，授权 MicroChem 公司销售。利用旋涂技术，SU-8 可以沉淀厚度从小于 1μm 到大于 200μm 的薄层；利用紫外线（350～400nm）和电子束成像技术，可以形成高深宽比和直侧壁的结构。

SU-8 具有良好的透光性和很好的耐腐蚀、耐热特性，表 3-6 列出了 SU-8 的一些基本特性。

表 3-6　SU-8 材料的性质

材料参数	值
折射率	1.8
玻璃化温度	曝光前约 50℃ 完全交叉耦合后>200℃
线胀系数	5.2×10^{-5}/℃
弹性模量	4.02GPa
泊松比	0.22
抗张强度	34MPa

微流控芯片的制备中，SU-8 是使用较多的材料之一，因为它能够为微流体网络形成刚硬和边缘锐利的结构，能够用标准的平版印刷技术进行沉淀和图形化，在相对低温（小于 100℃）条件下加工，还可以用作密封材料制造微流控芯片密封的微通道。

SU-8 可以用来制作高深宽比的薄膜。由于厚度较厚，因此制作一个图形化的薄膜用时较长（130μm 厚的薄膜需要大约 6h）。对热膨胀的敏感性，使其容易与衬底失配，且与衬底材料的分离困难，需要使用抗粘层工艺来进行相应处理。

3.2.2　聚二甲基硅氧烷（PDMS）

聚二甲基硅氧烷（Polydimethylsiloxane，PDMS）是一种弹性硅化物，几乎是制作微流动层的必选材料之一。作为一种透明的高分子材料，PDMS 与 SU-8 有很大的不同。PDMS 的柔韧性更好，制备工艺主要采用浇注成型图形化而不是利用平版印刷技术。

表 3-7 列出了 PDMS 材料的一些性能参数。

表 3-7 常用的 PDMS 性能参数

性质	参数说明
通透性	不透于水溶液；对气体和有机溶剂通透
热学	热导率为 0.18W/（m·K）；热胀系数为 310μm/（m·℃）
电学	击穿电压 2×10^7V/m
光学	透明；紫外截止；吸收光波长小于 300nm
反应活性	惰性；表面可被氧等离子体刻蚀或者其他方法改性
界面性质	表面自由能约为 20mN/m
力学性能	具有弹性；弹性模量约为 750kPa
其他性能	黏度为 3900mPa·s；相对密度为 1.08；玻璃化温度为 150K

PDMS 是一种具有弹性的高分子聚合物，通常它是由 PDMS 基质和相应的固化剂按一定的比例热聚合而成。作为构建微流体芯片的基底材料，PDMS 表现出了非常理想的材料特性：良好的绝缘性，能承受高电压，已广泛应用于各种毛细管电泳微芯片的制作[28]；热稳定性高，适合加工各种生化反应芯片[29]；具有很高的生物兼容性和气体通透性，可以用于细胞培养[30]；同时，具有优良的光学特性，可应用于多种光学检测系统[31]；弹性模量低，适合制作微流体控制器件，如泵膜等[32]。

此外，PDMS 还具有以下优点：原材料价格便宜、制作周期短、耐用性好、封装方法灵活，它可以和硅、氮化硅、氧化硅、玻璃等许多材料形成很好的密封[33]。

随着微流控芯片的发展，以玻璃为基底材料，以 PDMS 为芯片材料的微流控芯片成为主流。同时由于 PDMS 具有较小的弹性模量（约为 750kPa），该材料也成为微流体系统中控制单元材料的首选。作为构建微流体芯片的主要材料，PDMS 表现出了非常理想的材料特性。

PDMS 材料容易加工成型、图形转移效果非常好、光学透性好、兼容荧光检测等模式，低毒、加工容易、对温度等的要求低，并且容易和自身以及其他材料封接，因此受到了科研工作者的广泛关注。

PDMS 材料表面自由能较低、弹性好，脱模过程中，加工出的 PDMS 微通道能够在保持模具完整无损的情况下轻松剥离出来，实现模具的重复利用。另外，PDMS 的电绝缘性能优秀，目前的各种主流毛细管电泳微芯片的制作均采用这种材料；而且 PDMS 对温度等也很不敏感；PDMS 具有化学惰性，与大部分待检测液体不发生反应，具有很高的生物兼容性，可以满足不同生物实验的要求。

PDMS 柔性好，很容易吸附于其他衬底之上，使得 PDMS 与相对粗糙的表面接触很紧密，经过处理后，与基底封接效果较好，键合工艺简单，浇注法制备 PDMS 结构具有较高的成型质量。到目前为止，以 PDMS 为主要加工材料的微流控芯片已广泛应用到生物、医学、生命科学等领域。

图 3-3 为 PDMS 预聚体及其固化剂中的交联体分子式。

$n\approx60$　　　$n\approx10$

R大部分情况下是 CH_3，有时是H

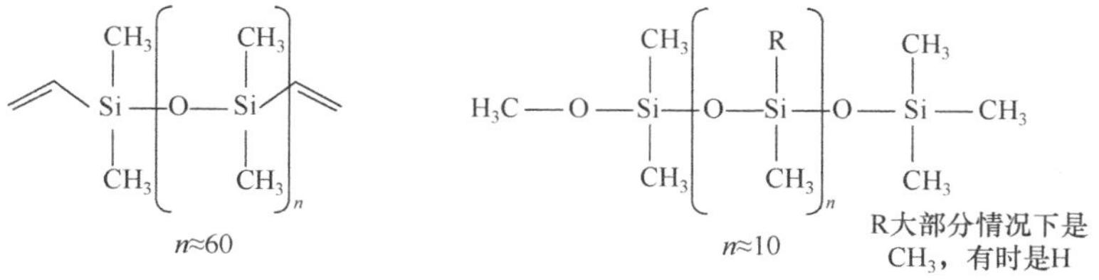

图 3-3　PDMS 预聚体和固化剂中的交联体分子式

室温条件下，PDMS 预聚物呈现胶态，只有在加入固化剂的条件下，PDMS 预聚物才会固化成型。预聚物中加入一定比例的固化剂后，固化剂内含有的金属铂（Pt）作为催化剂，可以使乙烯基团（—CH_2=CH—）两端与硅的氢键发生交联反应，形成 Si—CH_2—CH_2—Si 这样的联接结构，从而使其固化成型。PDMS 预聚物内含有硅氧烷低聚体，固化剂内含有硅氧烷交联体，硅氧烷低聚体内含乙烯基团，而每个硅氧烷交联体之中至少含有三个硅氢键。

由于硅氧烷低聚体和固化剂中硅氧烷的交联体上有多个反应位点，这样反应之后，就会生成复杂的三维结构。图 3-4 为交联反应方程式，这种反应的优点是稳定而且没有附加产物，不会影响实验的效果。

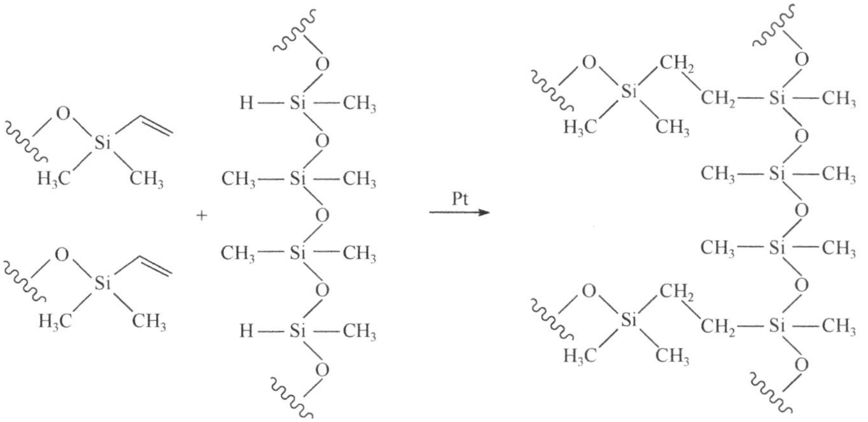

图 3-4　交联反应方程式

PDMS 材料的性能受到混合比的影响明显，图 3-5 给出不同混合比的 PDMS 胶体的密度、弹性模量等参数[72]。

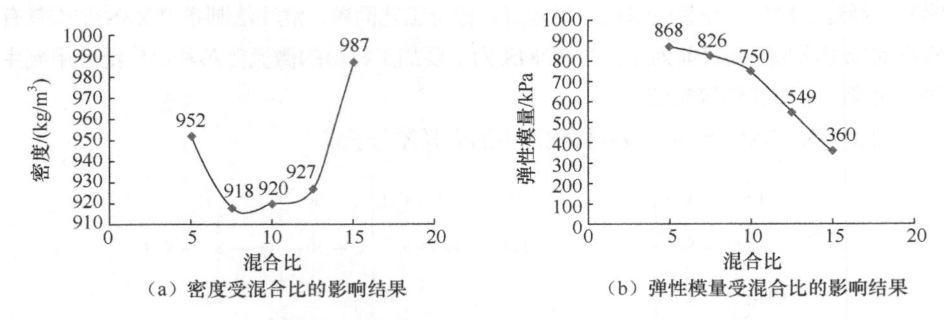

（a）密度受混合比的影响结果

（b）弹性模量受混合比的影响结果

图 3-5 不同混合比（PDMS/固化剂）下的 PDMS 密度和弹性模量

图 3-5 中可以看出，随着配比的增大，密度参数呈曲线分布，而弹性模量则随着配比的增大而下降明显。PDMS 预聚体和固化剂的配比是一个很重要的参数，对于材料的性质有极其重大的影响。

一般推荐比例为 10∶1，增加固化剂用量会使交联的结构增多，固化过快，进而导致固化成型的 PDMS 聚合物硬度变大弹性变小，当比例增大至一定程度时，固化时间会变得很短，但是胶体也因为过硬而无法脱模。而减少固化剂的作用则恰恰相反，会使胶体黏度和弹性增大，硬度变小，当比例达到一定程度后，胶体基本不能固化，也无法脱模处理。加热过程对交联反应有加速的作用，因此也会影响到 PDMS 的固化效果。一般情况下，经过固化过程后，生成的 PDMS 聚合物体积都会有所减小[73]。

3.3 浇注法制备微流控芯片的流程

浇注法作为当前制作微流控芯片的主要方法，其主要优势就在于操作简单，对设备的要求不高，易于成型，生产成本低，工艺步骤少且成品率高等。

浇注法中最关键的部分在于模具的选择。目前通用的芯片模具，主要有通过 MEMS 工艺加工制作的硅模具和 SU-8 模具，以及采用电铸工艺的金属加工模具。

基于硅模具的微流控芯片加工流程如图 3-6 所示。

基于硅模具微流控芯片的制备，首先通过微电子工艺中的图形转移技术在硅材料上制作模具，然后采用浇注方法加工出带有微通道图形的 PDMS 基片，经过表面改性后与盖片封接，实现微流控芯片的制备。

单晶硅具有硬度高、导热性好等特点，被广泛应用于微电子器件的制备。而在微流控芯片中，由于加工工艺成熟，硅材料常被用作带有通道图形的阳模。采用硅材料作为阳模加工 PDMS-玻璃微流控芯片的工艺流程如图 3-7 所示。

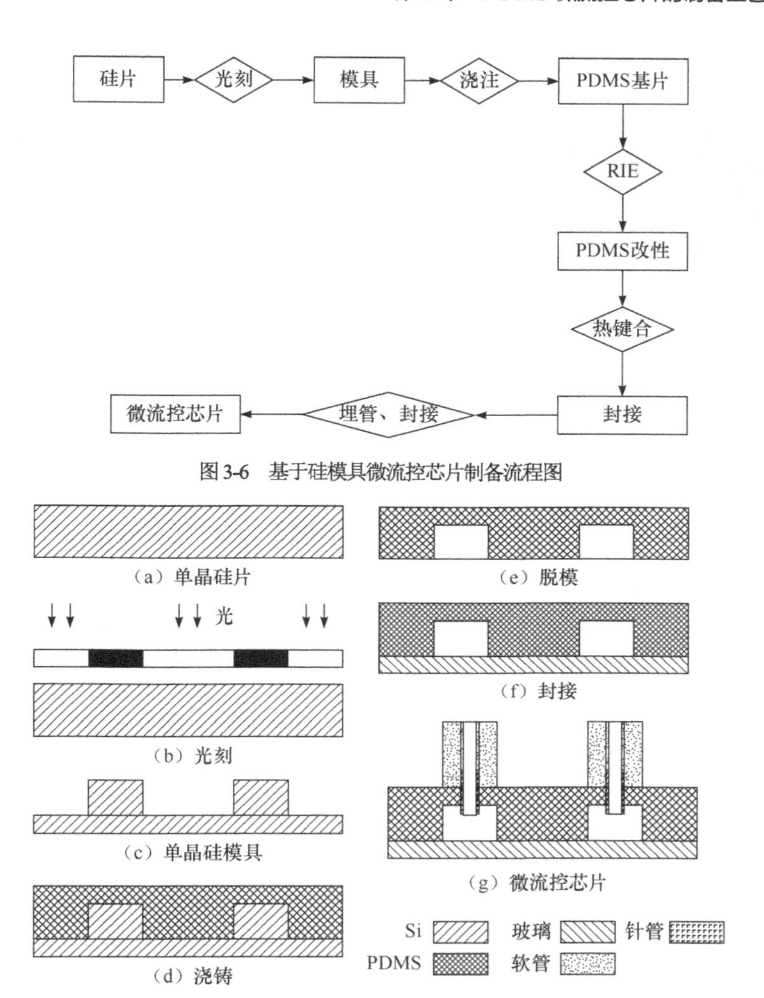

图 3-6　基于硅模具微流控芯片制备流程图

图 3-7　基于硅模具的 PDMS-玻璃微流控芯片工艺流程

在硅基上加工出具有一定深度和形状的台阶结构，通过浇注工艺将图形转移到 PDMS 上，再将 PDMS 与玻璃进行热键合（120℃），完成微流控芯片的制备。

目前，硅模具的制备方法有很多种，其中大部分是利用电子束刻蚀（EBL）或利用光刻-刻蚀的方法，也可以采用基于扫描探针显微镜（SPM）的氧化及各向异性湿法刻蚀的方法，或者利用准分子激光加工技术。

采用光刻-刻蚀工艺方法加工模具的流程如下：将光刻胶旋涂于硅基底上，胶厚约为 1μm；将旋涂完光刻胶的硅片放置在真空干燥箱中前烘；随后用光刻机进行曝光处理，在显影液中显影，至图形完全显现出来，将显影好的光刻图形后烘后坚模，形成稳定的光刻结构；对光刻结构利用反应离子刻蚀（RIE）机进行干法刻蚀，去除掉残余光刻胶，此时模具制备完成。如果所制的模具深宽比较大，则需要使用剥离技术。

如图 3-8 所示为利用上述工艺流程制备的叉形微流控硅模具。

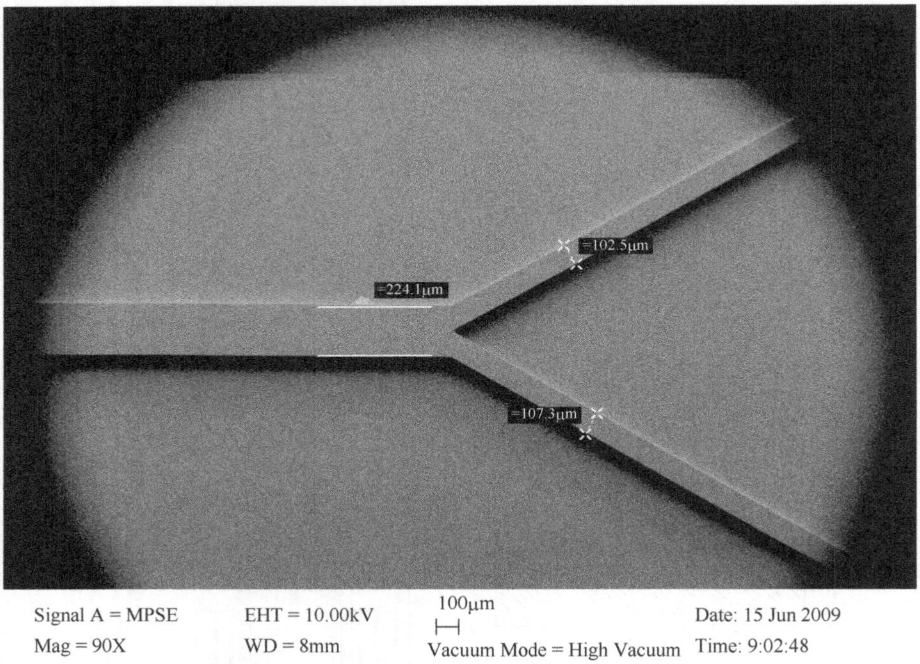

=224.1μm
=102.5μm
=107.3μm

Signal A = MPSE　EHT = 10.00kV　100μm　Date: 15 Jun 2009
Mag = 90X　WD = 8mm　Vacuum Mode = High Vacuum　Time: 9:02:48

图 3-8　叉形微流控硅模具

光刻系统复杂而且设备昂贵，而采用基于扫描探针显微镜氧化及各向异性湿法刻蚀的方法，或者采用准分子激光加工方法来制备所需模具，同样是不错的选择。基于扫描探针显微镜氧化及各向异性湿法刻蚀方法的原理如图 3-9 所示。

图 3-9　扫描探针光刻技术制备模具原理图

根据 Si 材料的各向异性特性，利用 SPM 对其表面进行图形化氧化，配合湿法腐蚀方法即可加工出所需图形结构。图 3-10 是通过 SPL 氧化刻蚀法获得的模板。

图 3-10（a）为在（110）晶向 Si 表面上制备的梯形模具；图 3-10（b）为其对应的通过原子粒显微镜（AFM）表征的三维图。这种方法加工出来的模具线宽窄，加工时间长，而且对于探针的损耗很大，不适合大量使用。

利用准分子激光加工方法制备模具如图 3-11 所示，所用的激光源主要有波长为 248nm 的 KrF 或 193nm 的 ArF。

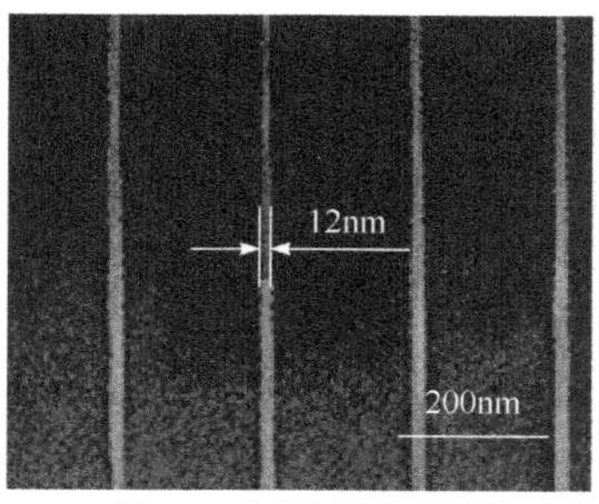

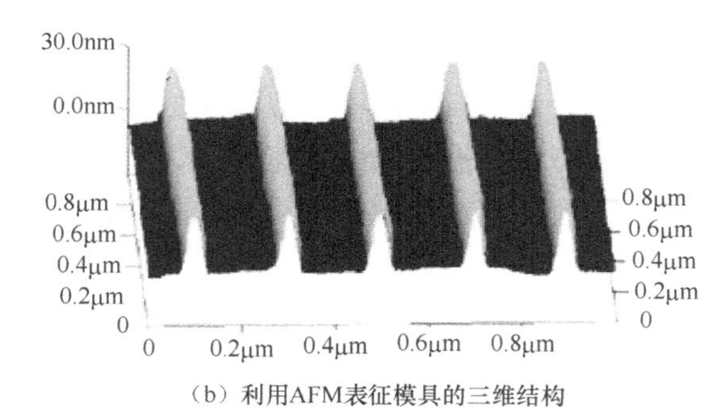

（a）利用SPL方法制备的梯形模具

（b）利用AFM表征模具的三维结构

图 3-10　通过 SPL 氧化刻蚀法获得的模板

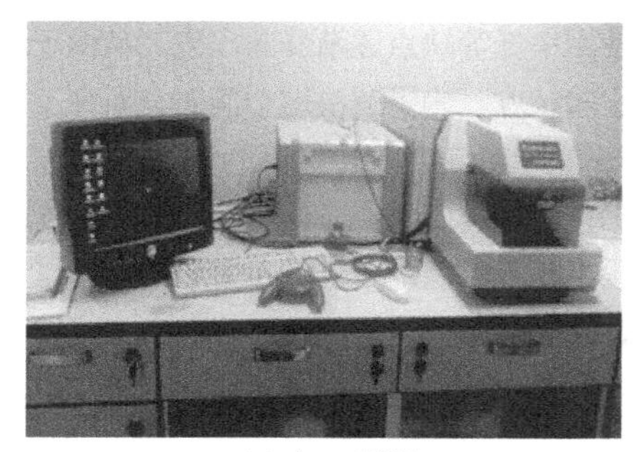

（a）加工系统图　　（b）基于 PMMA 材料的微流控芯片

图 3-11　Promaster 小型准分子激光微加工系统及制备的 PMMA 微流控芯片

Promaster 小型准分子激光微加工系统如图 3-11（a）所示，该系统所用的激光源为 248nm 的 KrF 气体，图 3-11（b）为利用该系统加工制备的 PMMA 微流控芯片。

尽管硅模具工艺成熟稳定，使用方便，加工方法多样，但是随着微流体通道越趋复杂，单晶硅模具工艺难度大、成型复杂、重复使用率低等缺点逐渐暴露出来。而且用刻蚀硅工艺制作微流控芯片微通道模板，制得的模具通道边缘非常粗糙，如图 3-12 所示。

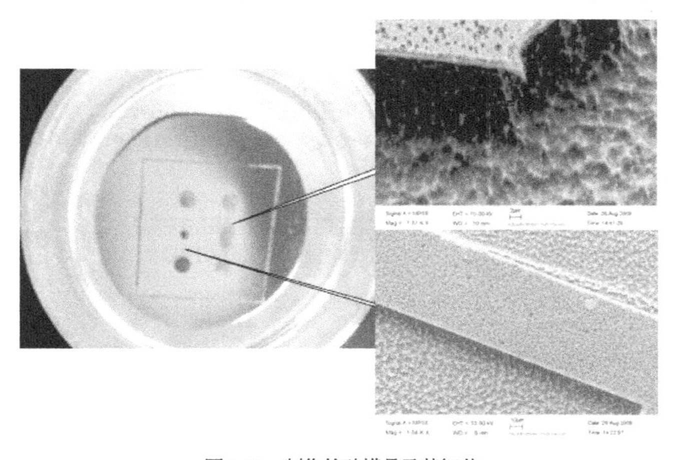

图 3-12　制作的硅模具及其细节

图3-12中可以看到，硅模具制备同样存在一系列问题，右侧SEM扫描细节部分分别为通道交口部分与通道部分，从中可以看出，交口处有很多突起，模具很不平滑，而通道的边缘同样有加工工艺造成的凹凸不平。待测物质在微通道里时经常会吸附到通道边缘粗糙表面处，对实验精度有着不小的影响。

3.4 基于SU-8模具微流控芯片的制作

尽管硅模具工艺成熟稳定、使用方便、加工方法多样，但是随着微流体通道越趋复杂，单晶硅模具工艺难度大、成型复杂、重复使用率低等缺点逐渐暴露出来。且由于通道的边缘粗糙，使得待测物质会被吸附，影响实验精度。为了解决这个问题，研究了利用SU-8工艺制作微流控芯片的模具来代替原来的硅刻蚀工艺制作模具的方法。

采用SU-8胶作为微流控芯片模具的加工工艺流程与硅类似，但是其模具的制作过程相对复杂，需要经过多步工艺，并需要加工出抗粘层以保证模具的重复利用。图3-13给出了基于SU-8胶模具的微流控芯片的制作工艺流程图。

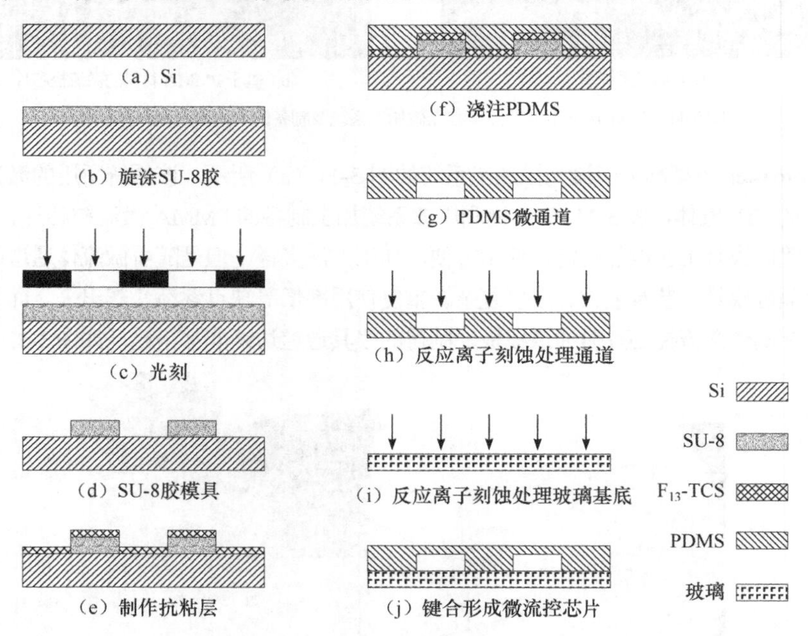

图3-13 基于SU-8胶模具的微流控芯片制作工艺流程

SU-8胶加工成本低，工艺稳定，可以批量生产加工，适合制作复杂以及多层结构的微流控芯片，极大地拓展了微流控芯片的使用范围，为其推广和普遍使用打下基础。图3-14给出了基于SU-8胶模具的双层PDMS集成微流控芯片的制备流程图。

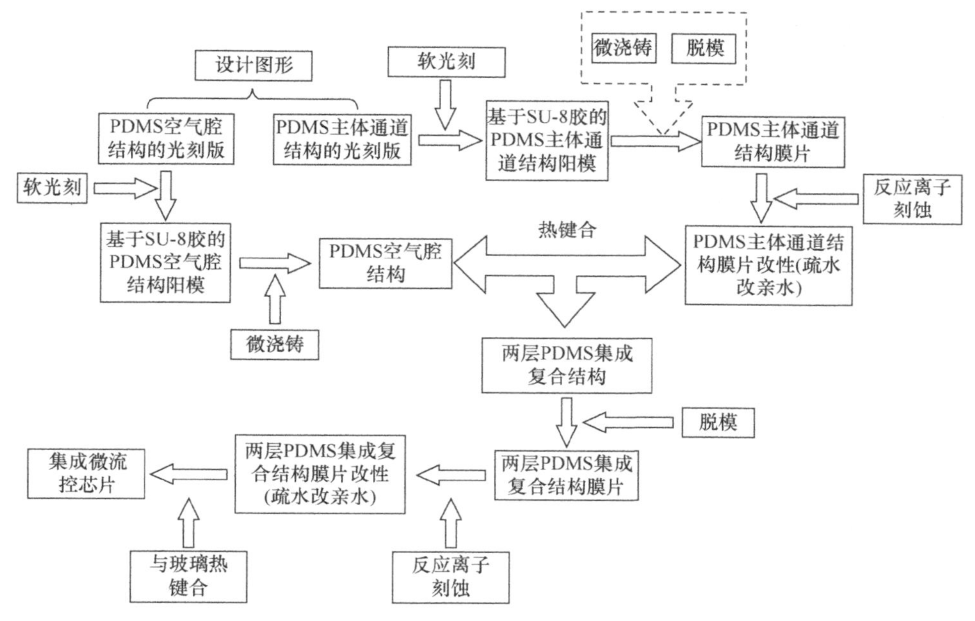

图3-14 基于SU-8胶模具的双层PDMS集成微流控芯片的制备流程框图

SU-8胶由于工艺成熟，质量稳定，能够加工出深宽比很高的器件，故被广泛用于模具的加工和微流控芯片的制作。

SU-8是一种环氧树脂类负性光刻胶，被大量应用于微电子工艺，是一种制备工艺成熟简单、适用于复杂图形的模具材料。利用微电子加工工艺，SU-8可以加工出从1μm到200μm的薄层；利用紫外线（350～400nm）曝光或者电子束曝光，可以制作出高深宽比的结构。而且SU-8透光性能好，化学性质也极其稳定，耐热效果也不错。

利用SU-8胶制备微流控芯片的模具，不需要对硅基进行刻蚀，却同样可以制备出侧壁垂直度高的模具结构。采用一定的工艺技术优化加工材料的固化成型过程，可以保证SU-8模具多次使用，使得微流控芯片的批量化和商业化生产均变成可能[74]。

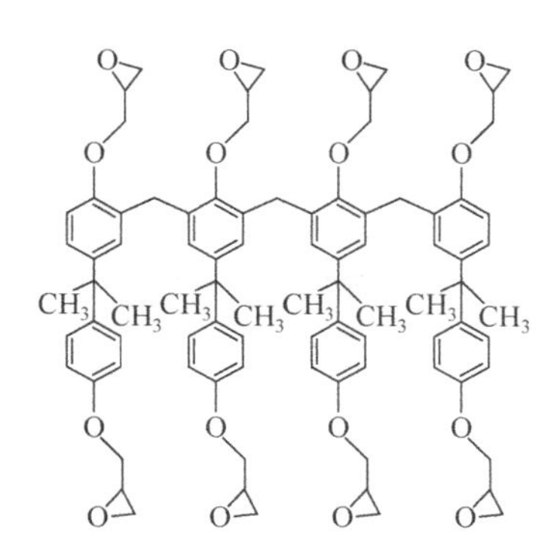

图3-15 SU-8结构示意图[75]

SU-8胶由功能多、分支数量多的SU-8环氧树脂溶解在有机溶剂中并混合光引发剂制备而成，其中SU-8环氧树脂由双酚A和甘油醚通过酚醛缩水反应生成[75]。其结构式如图3-15所示，其典型结构中含有8个环氧基团，故称SU-8，其分子量高达22000。

SU-8胶黏度高，其厚度可以通过工艺中的参数调整来控制，从而达到高精度的目的和要求，其操作工艺流程主要有前烘、光刻、中烘、显影、定影等步骤，从而得到带有所要求图形的结构。经过工艺处理后的SU-8胶，其强度很大，性质稳定，通常可以用作 PDMS 等高聚物的浇注法的模具材料（本书中使用的 SU-8 材料为美国Micro Chem公司生产的SU-8 3035）。

SU-8胶中的光引发剂为三苯基硫盐（PAG），通常情况下，其含量约为SU-8重量的10%。其反应机理为：通过前烘，可以改变SU-8胶中的PAG含量，厚度不同，含量也会有所区别；曝光过程中，PAG受到光子的作用，在胶体内部生成一种强酸；接下来的中烘过程中，高温和强酸环境催化了曝光区域，使这部分产生热交联反应；在催化的作用下，热交联发生链式增长，每个环氧基团都能与同一分子或者不同分子中的其他环氧基团发生反应，形成致密的网络结构，从而导致其内部结构极其复杂，分子量也大幅上升。而在显影的步骤中，经受过曝光的区域不溶于显影液，从而完成了从掩模板到SU-8胶的图形转移过程[76]。

3.4.1 实验材料和实验设备

SU-8胶是一种负性光刻胶，它的加工过程也是一种光刻工艺，所以其加工设备和材料与普通光刻工艺类似。

实验中所用到的材料主要有：载玻片（76mm×26mm×1mm，帆船牌 7101，上海机械进出口集团公司），Sylgard184型PDMS预聚体及固化剂（Dow Corning Corp，USA），SU-8 3035及其专用显影液（MicroChem，USA），丙酮（分析纯）、HF（分析纯）、HCL（分析纯）、H_2O_2（分析纯）、H_2SO_4（分析纯）、2英寸p型抛光硅片（111）等均购自本地供应商，并且所购化学用品不再进行纯化处理。

实验设备包括：采用型号为specialty coating systems model P6700的匀胶机进行光刻胶的旋涂，采用有真空装置的烘箱对SU-8胶及硅片进行烘干，OAI HYBRALIGN SERIES 200光刻机，恒温直流溅射仪，OXFORD Plasmalab 80Plus反应离子刻蚀机用于调节残胶的厚度等。另外其他设备还包括有自动搅拌装置的涡流炉，热敏电阻式温度探测器，带有加热装置的AQUASONIC MODEL 150D超声清洗器，SEM扫描电子显微镜，金相显微镜。

3.4.2 制作SU–8胶模具的工艺流程

模具加工的每一步都要按照流程严格执行。模具的加工流程主要分为如下几个步骤。

（1）基底清洗

基底清洗的目的是为了去除基片的杂质，如微粒、离子、氧化物等。将其分别放入SC1、SC2、SC3、DHF混合清洗剂中超声清洗，每次清洗结束后用去离子水冲洗干净。

清洗结束后，将基底放在加热板上烘烤，充分去除水汽。由于负性 SU-8 光刻胶对水十分敏感，在 SU-8 阳模制备过程中一定要保证硅基底彻底干燥。

清洗剂的配比和作用如表 3-8 所示。

表 3-8　清洗剂配比及作用

溶液	试剂	配比（体积比）	作用
SC1	氨水∶双氧水∶去离子水	1∶1∶5	去除微尘
SC2	盐酸∶双氧水∶去离子水	1∶1∶6	去除金属离子
SC3	硫酸∶双氧水	4∶1	去除有机物
DHF	氢氟酸∶去离子水	1∶100	去除原生氧化层

（2）旋涂 SU–8 胶

将 Si 基底稳定放置于旋涂机之上，用吸管吸取调配好的 SU-8 胶体，对旋涂机的转速进行调整，为了避免转速提升过快造成胶体涂覆不完全，速率的调整要采用阶段性上升的办法，在 300r/min、600r/min 以及 1000r/min 时，均要稍微稳定 10s 左右，再继续提升直至最高。旋涂结束后的基底要放置一段时间，以便利用胶体的自平整效应来消除因转速上升产生的胶体波纹。

（3）前烘

SU-8 前烘过程是影响其图形深宽比与分辨率最重要的因素，前烘的作用在于去除溶剂，从而增加光引发剂在光刻胶中的比例。

前烘效果的主要决定因素是前烘时间和温度。其中前烘时间的长短与旋涂的 SU-8 胶体厚度有关，厚度越大，则前烘时间就越长。对于前烘时间的把握，可以进行数次的短时间加热，然后通过对陪片的测试，找到前烘效果最好的加热时间。前烘温度的情况也类似，如果温度过高，则溶剂挥发过快，造成胶体后期黏度过大，无法完全去除，如图 3-16（a）、（b）所示。

总结多次试验结果后，得到如下工艺参数：前烘温度设置为 90℃，将硅基底平置；采用分段升温，对 SU-8 模具进行前烘，直至胶体表面黏性基本消失。合格 SU-8 胶如图 3-16（c）所示。

（4）光刻

将旋涂好光刻胶的硅片放在光刻机托盘中心，对好光刻掩模板，将掩膜板的图形对准 SU-8 胶的位置，设置光刻时间。曝光结束后，将硅片用锡纸密封好，防止环境中的光线等影响图形的精确度。本书采用的 OAI-200 型光刻机，光刻功率 15mW/cm^2，波长 365nm。

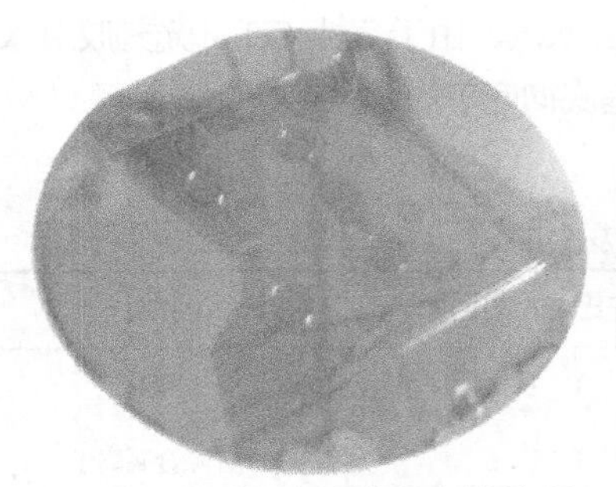
（a）前烘时间过长导致基底表面形状被破坏

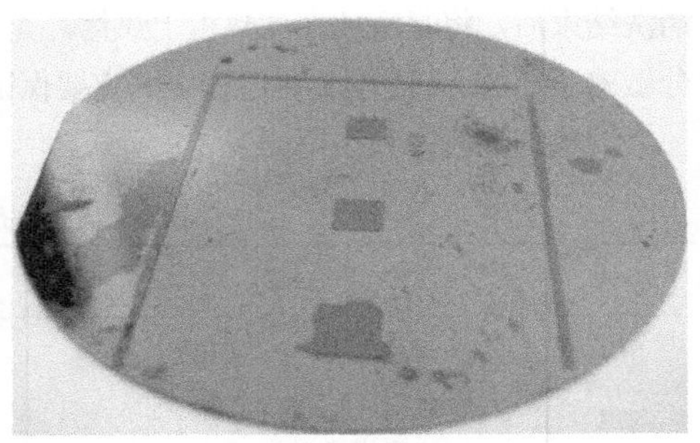
（b）前烘温度过高导致胶体无法去除

（c）正常前烘后的SU-8

图3-16　前烘参数对SU-8胶的影响

曝光过程是促使 SU-8 胶产生酸催化剂的过程，是整个胶体加工过程的核心步骤，也是很多微电子工艺的决定性步骤。光刻参数的选择对于加工出来的图形效果是至关重要的，曝光时间的选择与胶体厚度等息息相关。曝光时间要尽量适中，否则，光的衍射会破坏图形边缘的完整性和精确性，如锯齿状边缘也是由这个原因造成的，如图3-17所示。经过改进后本书使用的光刻时间是18s。

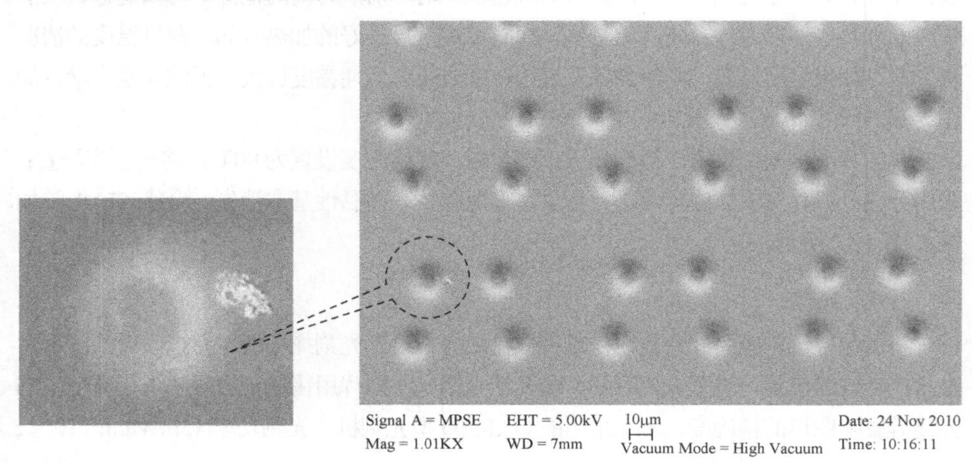

图3-17　曝光时间不足导致的图形边缘模糊

同时，如果光刻胶的厚度过大，光刻后图形的垂直程度不容易保证，可能会出现倾角，这主要是由光在胶体中传播时发生折射或者形成驻波等造成的。这种情况下，需要对光刻工艺进行补偿，采用夹角光刻或者双面光刻等方法能有效解决这方面的问题。

（5）中烘

中烘的作用是通过提高温度，促使光刻产生的酸催化剂参与交联反应。中烘温度为95℃，时间5min。在中烘之前，需要先对曝光后的模板进行1min左右、低温65℃的中烘。

中烘过程是图形形成的过程，所以该过程也是产生内应力的主要过程。对于模具来说，应力的把握至关重要。在SU-8模具制备过程中，需要尽力消解应力的积累，否则过大的内应力会导致图形变形，甚至剥落。

（6）显影

为了提高显影效率，在常温状态下用超声来显影效果更好。

显影时间的选择对于显影的效果意义重大。厚度不同的SU-8胶所用的显影时间也不同。当SU-8胶厚度超过20μm时，由于图形深度的影响，显影液很难顺利渗透到图形底部，此时就需要延长显影时间，超声强度也要加大。如果超声强度不够，就会出现显影不完全的现象，在图像边缘处留下残胶，如图3-18所示。

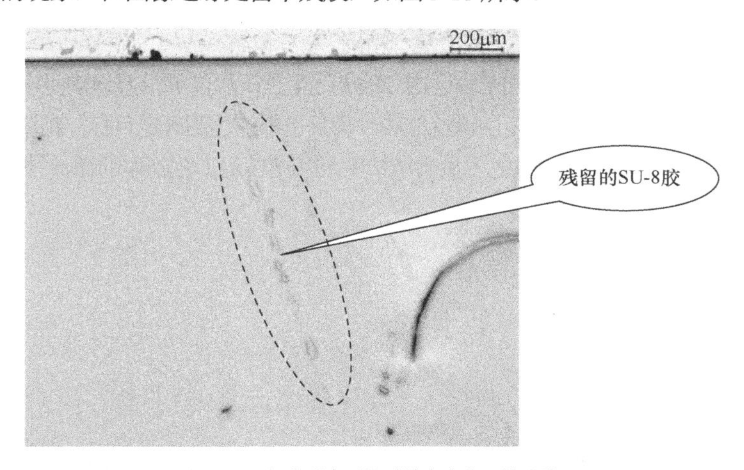

图3-18　超声强度不够时基底上留下的残胶

本书工艺参数为：超声时间3min，频率1000kHz。超声结束后，在异丙醇溶液中定影，将定影后的胶体用大量去离子水冲洗干净，然后用氮气吹干。

（7）后烘

后烘过程是加工的最后一个流程，为了稳固前面的工作效果，升温过程不能过快，需要缓慢升温至175℃，持续时间为14min。然后自然冷却至室温，此时，模具的微加工步骤就告一段落。

（8）模具加工结果

图 3-19 为利用 SU-8 工艺制作的微通道模具的图片。

（a）SU-8微通道模具照片

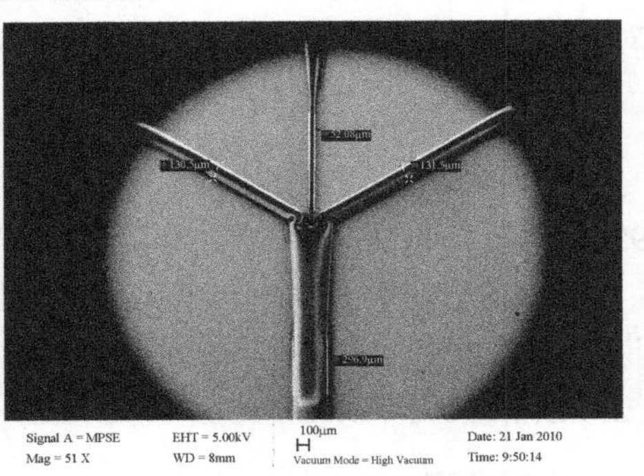

（b）SEM扫描电子显微镜下图像

图 3-19　用 SU-8 工艺制作的微通道模具

图 3-19（a）为利用上述步骤制作 SU-8 胶微通道模具照片。图 3-19（b）为利用 SEM 扫描电镜检测微通道模具的数据及图像，可以看出，该模具的中间部分待检测芯液流的通道宽度约为 52μm（光刻板设计宽度为 50μm），左右两侧的鞘液通道的宽度约为 130μm（设计宽度 130μm），两者交汇区域的流体通道宽度为 300μm（设计宽度 300μm）。可以看出采用上述工艺加工出的模具，宽度基本精确，左右鞘液流流道的误差基本不超过 1μm，其他宽度的误差也都在可接受的范围之内，故上述工艺流程能够很好地满足实验要求。同时，利用该工艺制作的其他宽度的微流控芯片模具也都能达到既定目标，精度也很理想。

图 3-20 为利用 SEM 扫描电子显微镜检测利用 SU-8 工艺制作的微流控芯片微通道模具的厚度图像。

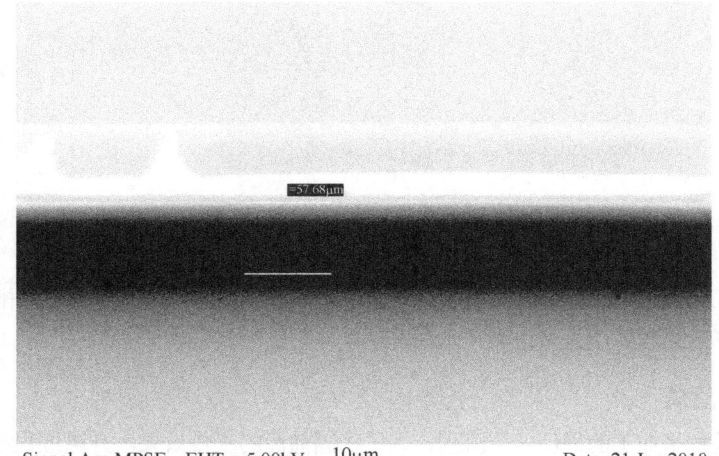

图 3-20　模具的厚度图像

从图 3-20 中可以看出，利用上述工艺可以制作厚度为 60μm 的微流控通道模具，而试验检测所需的待测微球的最大直径为 30μm，同样满足实验需求。

3.4.3　PDMS 微流控芯片的加工工艺

采用浇注 PDMS 的方法加工微流控芯片，是一种简单快速的微流控芯片加工方法，但是该方法需要注意的步骤也很多，尤其采用 SU-8 模具。由于 PDMS 黏度大，所以需要制作抗粘层来保证通道图形的完整性。而 PDMS 的配比和加工过程也是微通道质量的决定因素，因此需要从多方面考虑。

3.4.3.1　SU–8 胶抗粘层的制备

本次实验中采用负性 SU-8 3035 光刻胶来制作微流控芯片图形模具进行微流体通道的制备，省去了硅模具等需要的刻蚀步骤，简化了微流控芯片制备的工艺流程。但是，由于 PDMS 高聚物本身黏性极大，脱模时必须小心谨慎，否则极易破坏 SU-8 模具图形。因此为了保证模具的利用率，需要通过制备抗粘层或提高 SU-8 胶与硅基底之间附着力等方法，来提高模具的使用次数。

（1）采用全氟四氢辛基硅烷（F_{13}–TCS）制备抗粘层[77–80]

采用汽化凝结方法，将全氟四氢辛基硅烷（F_{13}-TCS）高温汽化，待自然冷却后，全氟四氢辛基硅烷就会均匀地吸附在模具表面，形成模具的保护抗粘层。但是该物质很不稳定，饱和沸点为 183℃，暴露在空气中容易与水汽发生反应，生成一种极难处理的胶状物。为了避免全氟四氢辛基硅烷（F_{13}-TCS）与空气中水汽发生反应，制作抗粘层的时候不能在空气中进行，必须在充满以氮气作为保护性气体的手套箱中完成。由于实验过程中需要加热至 180℃以上，这种情况下内应力的大小不能忽略，尤其是对于接触面积相对较大的模具。采用阶梯状升温模式可以有效地减小内应力，效果比较理想。抗粘层制备装置示意如图 3-21。

操作流程如下：将以硅材料为基底的 SU-8 胶模板放入培养皿中，整体放在加热台上，用移液管将全氟四氢辛基硅烷（F_{13}-TCS）由注射孔滴入培养皿，盖上培养皿盖。加热至 200℃，冷却后得到模具。此时，如图 3-22（a）所示，SU-8 胶图形由于应力过大而脱落。

分析原因，是由于在加热和散热过程中，温度变化过于剧烈造成内应力过大，所以需要对工艺的操作方案进行调整，采用阶段升温（参数时间如图 3-23）的方式缓慢加热到 200℃。在实验过程中，尽量保证培养皿不离开加热台，并且培养皿需要自然冷却。此时，最终得到的模具如图 3-22（b），可以看出，模具边缘光滑，结构完整，层次清楚，是一个合格的模具图形。

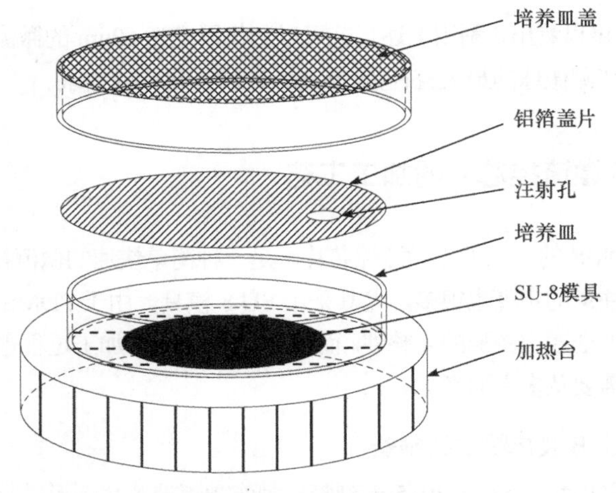

图3-21 抗粘层制备装置示意图

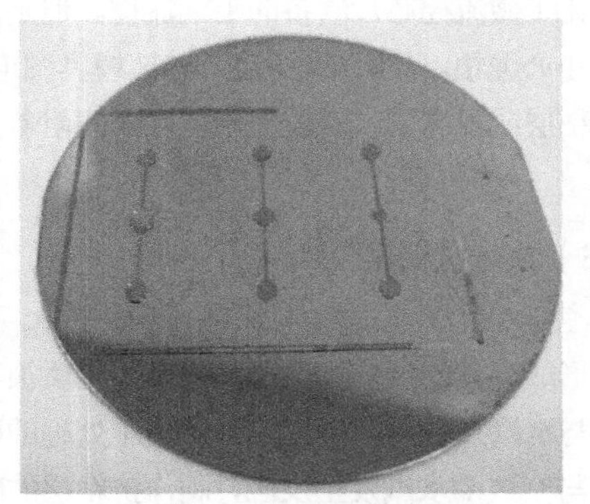

（a）骤然温度变化导致的模具损坏

（b）正确工艺下加工的模具

图3-22 不同加工温度参数对模具的影响

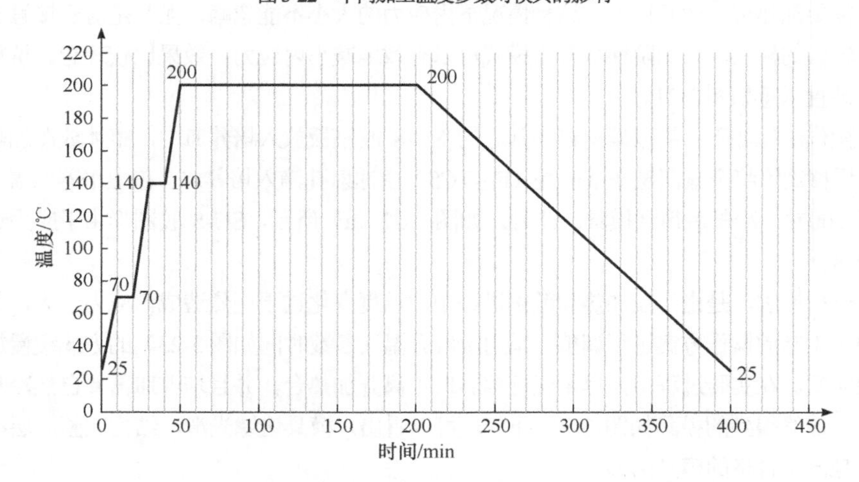

图3-23 抗粘层梯度加热曲线图

（2）利用 SF_6 提高 SU-8 胶图形与硅基底之间的附着力

制备好抗粘层的模具在浇注制作微流控芯片的过程中图形同样会被高黏度的 PDMS 破坏，经过分析讨论以及实验研究，结果证明是由 SU-8 图形与硅基底间的附着力太小造成，因此需要想办法增大其附着力。实验证明，采用反应离子刻蚀的方法是不错的选择。

其工作原理是：经过加工后单晶硅片基底平整度较高，通过 RIE（反应离子刻蚀，Reactive Ion Each）方法对硅片表面进行轰击后，造成硅片表面不平整，增加其粗糙程度，从而增加了硅片表面与 SU-8 胶之间的接触面积，使得二者之间的附着力大大增强。另一方面，SU-8 作为一种胶体，经过充分接触，可以保证胶体与硅片表面的完好接触，所以一定程度的粗糙表面不会影响模具表面的平整度。

经过实验发现，该种方法处理后的模具可以直接进行脱模，效果良好。图 3-24 为利用 SF_6 处理过的 SU-8 模具。其中 RIE 参数为：功率 100W，SF_6 流速 10sccm[1]，自偏压 298V，真空度 1.5Pa，时间 8min。

图 3-24 利用 SF_6 处理过的 SU-8 模具

3.4.3.2 PDMS 配胶工艺

PDMS 的固化可以分为两种情况：一种是基本固化，此时 PDMS 在成膜后还保留有一定的黏性；另一种是完全固化，这种情况下的 PDMS 不带有黏性，同时其弹性也很小。如果固化程度较小，PDMS 黏度较大，甚至还没有成型，会导致脱模困难；如果腔体层与流道层的固化程度较大，由于 PDMS 与模具之间附着力过大，同样会导致脱模困难，甚至损坏模具，而且会导致后续键合部分难度加大。

[1] sccm 即标准状态下每分钟 1mL 的流量。下同。

PDMS黏性大，放入固化剂后，会发生反应并产生一系列气泡，如果气泡没有完全清除，制造出来的器件会浑浊不清且有明显的气泡位于其中，容易破坏通道形状且不利于光学检测等，因此需要有效消除胶体内部的气泡。在抽气的过程中，应该采用间断性抽气法。当胶体即将外溢的时候，暂停抽气，待真空箱内的胶体体积缩小后继续。如此反复几次，即可得到透明均匀的胶体。

3.4.3.3 PDMS固化成型工艺

在相同的PDMS预聚物和固化剂配比下，高温能够加快PDMS的固化。但在高温条件下，不容易控制PDMS的固化速率，使得在固化过程中产生的气泡无法及时释放出来，形成浑浊的混合物，严重影响微通道的透光性；而固化温度过低，会严重影响PDMS胶体的固化时间和器件的制备效率。图3-25为Dow Corning公司提供的聚二甲基硅氧烷（PDMS）与固化剂为10∶1的条件下固化温度与固化时间的关系。

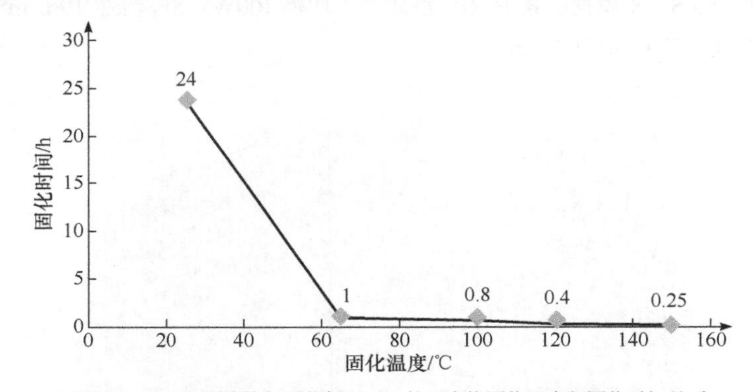

图3-25 PDMS预聚物与固化剂10∶1的混合物固化温度与固化时间关系

由图3-25中数据可以看出，低固化温度和高的PDMS预聚物与固化剂配比，都会严重影响PDMS固化后的性质，甚至可能会导致胶体完全不能固化。然而相反，较高的固化温度和较低的配比，虽然能够大大减少固化所需要的时间，但是同时也会由于胶体中的气泡没有充分的扩散时间，成型后的胶体内部会含有气泡，甚至会形成蜂窝状的结构。

因此，综合上述各方面的考虑并经过反复的实验验证，选择聚二甲基硅氧烷（PDMS）预聚物与固化剂配比为推荐的10∶1，此时固化温度基本在60～75℃之间。这种情况下，聚二甲基硅氧烷（PDMS）固化成膜时间不会太长（1h之内），而且固化后的PDMS也有一定的黏性，这样更便于下一步的改性和封接处理；同时，脱模剥离也很容易，不会破坏模具，这样更有利于模具的多次重复使用。图3-26为在模具上浇注好PDMS并且固化成型后的图像，可以看出PDMS完全透明，且很好地附着在模具之上，边缘的形状是由浇注中盛放PDMS的围栈造成的，将其脱模后即可得到所需的通道图形。

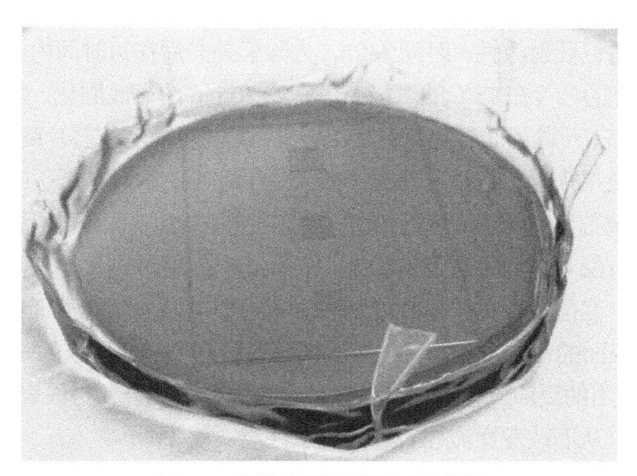

图 3-26 固化成型的微流控芯片模板

3.4.3.4 表面改性和封接

因为高聚物材料 PDMS 本身的疏水性质，使得它在封接完成后的通道中会更容易吸附疏水性物质，对液体在通道内的流通产生极大的阻力，从而影响实验效果甚至根本无法完成实验。因此在 PDMS 脱模后与玻璃封接之前，都需要通过表面改性处理的方法来改变微通道表面的极性，甚至直接将极性改变为亲水性来方便流体通过。

PDMS 材料中含有—O—$Si(CH_3)_2$—基团，疏水的性质正是由其中含有的—CH_3 基团造成的。要想改变 PDMS 的疏水性而使其亲水，就要将-CH_3 基团破坏掉，同时形成亲水性质的极性基团，如—OH、—COOH 等。

表面改性的方法在第 1 章中已经有所提及，普遍应用的主要包括紫外光照射改性和氧等离子体处理等改性方法。本书中对比了空气中紫外光照射改性与真空 RIE 改性对微流控芯片性能的影响。

在紫外光照射改性（如图 3-27 所示）键合过程中，利用功率为 6W 的紫外灯对流道

图 3-27 紫外光照射改性实验图

层和腔体层表面进行照射改性，时间为2h，去除紫外光后在短时间内将其合拢。施加一定的压力，将合拢的芯片在75℃的烘箱中进行约20min的彻底固化。紫外光照射改性键合的实验效率较高，开辟了低温快速键合的研究领域，是微流控芯片商业化的必经途径。

但是从实验效果来看，这种方法封接效果很不理想，常温常压下的键合强度较低，不适合高压微流控芯片的制备。因此需要采用其他的方法，本书采用氧等离子体方法。

氧等离子体方法对环境没有任何污染，而且处理效果对比紫外光照射改性方法来说具有明显的优势。高能活性离子团在能量的交换过程中，与高分子聚合物材料的表面形成轰击，将材料表面的化学键打断，破坏了高分子聚合物材料原有的—O—Si(CH_3)$_2$—疏水基团。本实验采用的反应气体为O_2，氧分子会与高分子聚合物材料表面发生氧化反应，形成含氧的基团，从而改变微流控芯片的疏水性质。

活性离子中的电子和亚稳态原子的能量远远高于高分子聚合物材料分子内相结合的键能。所以利用氧等离子体作为反应气体的方法是可行的。现今对于等离子体与高分子聚合物材料的表面作用机理有着多种不同的解释，如氢键理论、交联理论、氧化理论和表面分子链降解理论等其他多种理论，但是迄今为止没有一种理论能够明确地解释等离子体与高分子聚合物材料表面反应的所有问题，所以还需要进一步研究讨论。

氧等离子体对PDMS的改性效果如图3-28所示。图3-28（a）为表面改性前水滴在PDMS表面的情况，图3-28（b）为改性后水滴的情况，可以看出改性前后，接触角明显不同，从120°左右降低至15°左右，可见PDMS的亲水性得到明显改善。

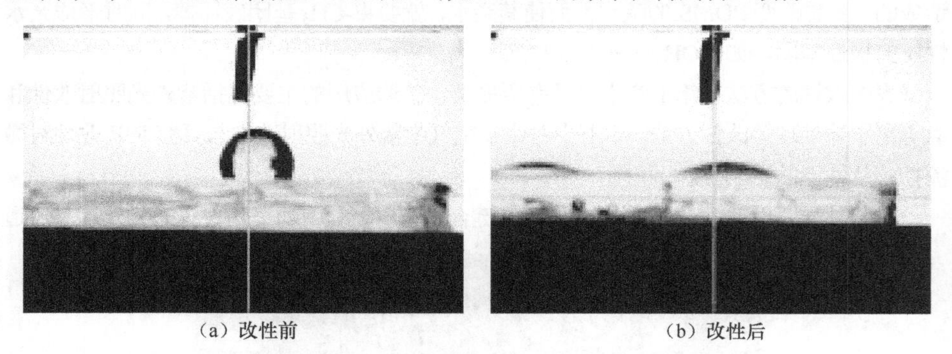

（a）改性前　（b）改性后

图3-28　水滴在聚二甲基硅氧烷（PDMS）表面的形态

但正如第1章所提到的，在对聚二甲基硅氧烷（PDMS）进行氧等离子体表面改性处理后，必须尽快与玻璃或硅片进行封接，尽量不要超过15min。因为如果长时间将改性处理后的PDMS放置在空气中，其亲水性能会迅速降低直至消失。一般认为这是由于扩散作用而使得PDMS本体中低分子量有机体迁移至表面层，而亲水性基团却向本体内迁移所造成的。

利用氧等离子体等轰击聚合物材料的表面，除了可以改变PDMS的疏水性质外，对于PDMS与玻璃基底接下来的封接也同样有效果。这是因为PDMS经过氧等离子体处理后，

—O—$Si(CH_3)_2$—基团会形成含有-OH 基团的物质，而两个含有-OH 基团的物质在紧密接触时会发生聚合反应（如图 3-29 所示），而且此聚合过程不可逆，从而完成不可逆的封接。

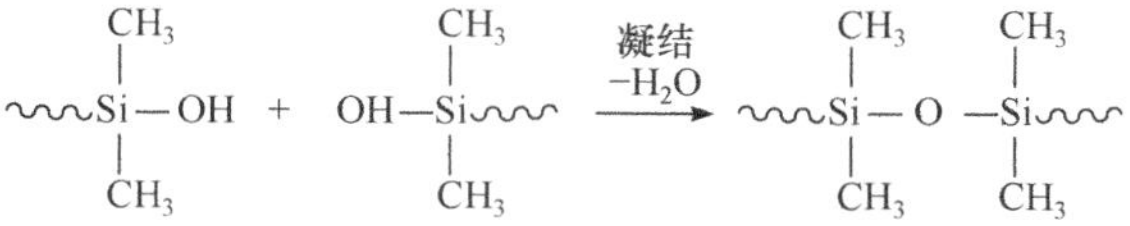

$$\sim\sim \underset{CH_3}{\overset{CH_3}{\underset{|}{\overset{|}{Si}}}}-OH + OH-\underset{CH_3}{\overset{CH_3}{\underset{|}{\overset{|}{Si}}}}\sim\sim \xrightarrow[-H_2O]{\text{凝结}} \sim\sim \underset{CH_3}{\overset{CH_3}{\underset{|}{\overset{|}{Si}}}}-O-\underset{CH_3}{\overset{CH_3}{\underset{|}{\overset{|}{Si}}}}\sim\sim$$

图 3-29　聚二甲基硅氧烷（PDMS）改性后聚合过程

通过实验反复验证，当 RIE（反应离子刻蚀）的功率为 50W，自偏压为 100V，真空度达到 2.0Pa，氧气流量为 40sccm，表面改性时间为 40s 时，可以顺利完成不可逆封接，并且封接强度大。同时，对于完成封接后的微流控芯片，需要放入真空干燥箱中加热，在 140℃左右持续约 1h，这样做的目的是使微流控芯片效果更理想。

3.5　纳米热压印工艺

纳米压印术是软刻印术的发展，它采用绘有纳米图案的刚性压模将基片上的聚合物薄膜压出纳米尺度图形，再对压印件进行常规的刻蚀、剥离等加工，最终制成纳米结构和器件。与极端紫外线光刻、X 射线光刻、电子束刻印等新兴的第二代刻印工艺相比，纳米压印术具有大通量、高分辨率、均匀性好、重复性好等优点，具有很好的竞争力和广阔的应用前景。目前，这项技术已达到 10nm 以下的水平。

纳米压印技术主要包括热压印（HEL）、紫外压印（UV-NIL）和微接触压印（μCP）三种。其中，热压印工艺是在微纳米尺度获得并行复制结构的一种成本低而速度快的方法，仅需一个模具，完全相同的结构可以按需复制到大的表面上。纳米压印光刻技术具有操作简单、分辨率高、成本低和生产效率高等特点，是一种可以用于大批量、重复性制造微纳图形结构的并行制造技术，它是光刻技术强有力的竞争者之一。

目前，纳米压印技术已广泛用于微流控芯片制造领域中。微流控芯片的制造技术不同于传统半导体芯片的加工技术。微流控芯片的加工精度要求相对较低，但其微管道加工深度比半导体芯片大得多，加工尺度一般在微米级，并且微流控芯片的加工材料已广泛采用玻璃和高分子聚合物，如聚甲基丙烯酸甲酯（PMMA）[51]、聚二甲基硅氧烷（PDMS）[52]等非硅材料。然而在纳米热压印实验过程中，由于模具抗黏性、压印温度、压力、时间以及聚合物特性等，都会对压印图形精度产生影响，而微米级图形转移精度高低直接影响所制作微流控芯片的质量。

热压印主要工艺过程包括悬胶、压印、脱模、去残胶、图形转移等步骤，具体步骤如图 3-30 所示。其中只包含竖线的图形为模具，既包含竖线也包含横线的图形为压印胶，只包含横线的图形为基底，只包含斜线的图形为淀积薄膜。

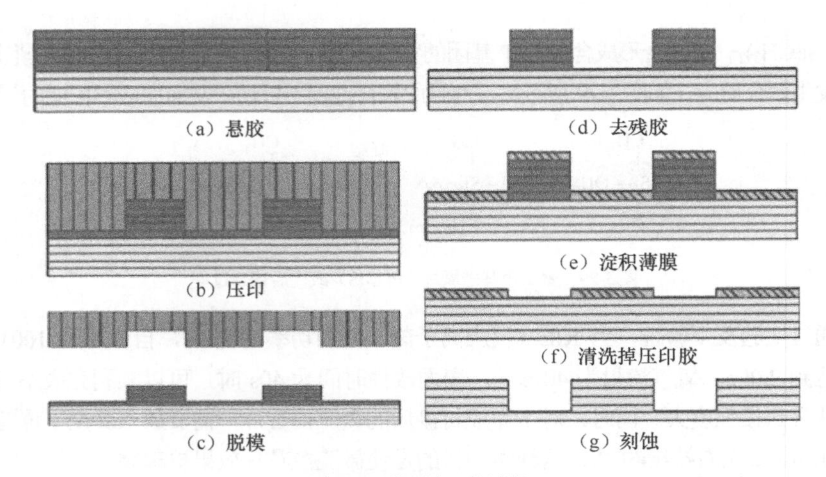

图3-30 热压印工艺过程

在这一部分，将会对纳米压印技术（下文如无指明，均指热压印）中的压模制备、压印过程、图形转移等各个流程加以研究，为今后的应用打下良好的基础。

3.5.1 压模的制备

纳米压印是一种基于压模（Stamp）复制的纳米结构制备技术，对压模质量有很高要求，因此压模通常采用 Si、SiO_2、氮化硅、金刚石等材料制成[49,50]。这些材料具有很多优良的性质，如高努氏硬度、大压缩强度、大抗拉强度（可以减少压模的变形和磨损）、高热导率和低热胀系数（使得在加热过程中压模的热变形很小）等。另外，重复的压印制作会污染压模，需要用强酸和有机溶剂来清洁压模，这就要求制作压模的材料是抗腐蚀的惰性材料。

压模的制作通常用高分辨率的电子束光刻技术（EBL），其过程是：先将做压模的硬质材料制作成平整的片状毛坯，再在毛坯上旋涂一层电子束曝光抗蚀剂，并用电子束光刻技术刻制出纳米图案，然后用刻蚀、剥离等常规的图形转移技术，把毛坯上的图案转换成硬质材料的图案。压模表面微结构如图 3-31 所示。

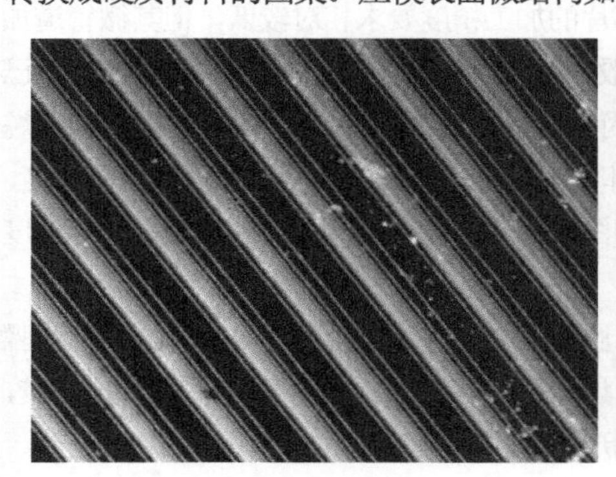

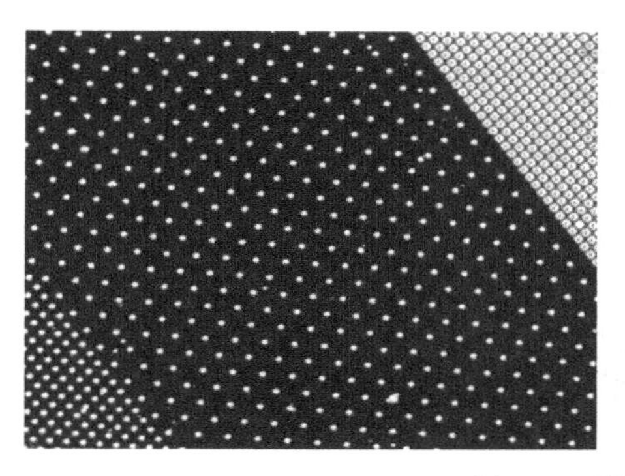

图3-31 压模表面微结构

3.5.2 基底的清洗

基底的清洗是进行后续工作的准备，不仅要去除表面的固体颗粒等杂物，还会对基底表面状态进行处理，以利于后续工艺步骤，只有经过严格清洗之后的基底才能使用，才能避免后续工艺步骤中出现问题。

纳米压印需要超净的环境，即使是微米级别的微尘也可能对实验产生毁灭性的影响。图3-32为实验过程中观察到的微尘。

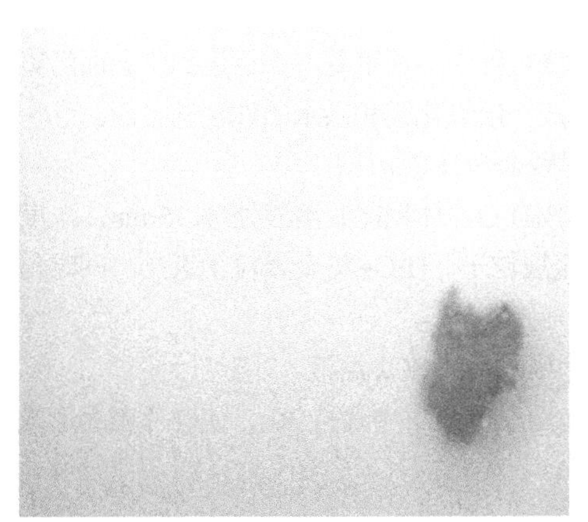
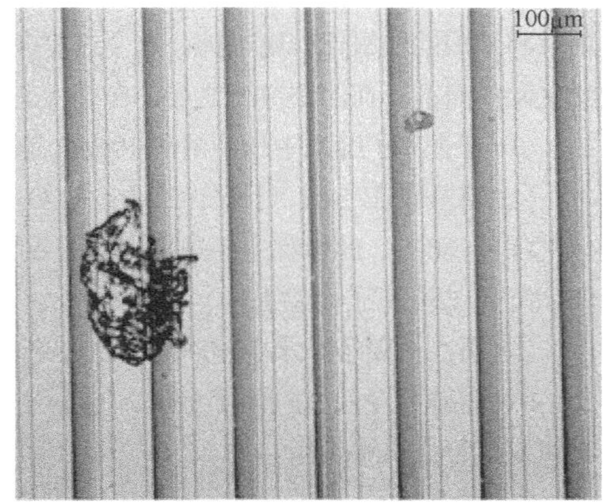

图3-32 金相显微镜观察到压模上带有的微尘

实验采用的基底是硅晶片，均经过抛光和清洗处理，除表面存在的自然氧化层外已经相当干净，但是在具体使用中需要进行切割等操作，难免会引入外来杂质（金属颗粒、有机物、盐类残留物等），所以需要根据随后的清洗工艺的不同而改变硅片表面的性质（亲水性、疏水性等）。因此，参考半导体工业标准湿法清洗工艺（由美国无线电公司的W. Kem和D. Puotinen于20世纪60年代提出的RCA清洗工艺），采取的具体清洗步骤如表3-9所示。

表 3-9 清洗步骤

序号	溶液	时间/min	温度/℃	频率/kHz
1	去离子水	10	27	700～1000
2	SC1	15	80	700～1000
3	去离子水	10	27	700～1000
4	SC2	15	80	700～1000
5	去离子水	10	27	700～1000
6	DHF 溶液	0.5	27	700～1000
7	去离子水	10	27	700～1000
8	N_2气吹干	2	27	700～1000

注：1. 基底采用的是标准 2 英寸硅晶片，电阻率为 10Ω·cm，厚度为 500μm±2μm。

2. SC1（15% $NH_3 \cdot H_2O$+15%H_2O_2+70% H_2O，体积比）。

3. SC2（15%HCl+15%H_2O_2 +70% H_2O，体积比）。

4. DHF（HF∶H_2O=1∶10，体积比）。

具体为：

① 在去离子纯水中冲洗 10min，温度 27℃，超声频率 700～1000kHz（以下超声清洗均采用此频率）。

② 将 SC1 溶液（15%$NH_3 \cdot H_2O$+15%H_2O_2+70%H_2O，体积比）加热到 80℃后保持温度，将基底置于溶液中超声清洗 15min。H_2O_2 的作用是氧化硅片表层，而 $NH_3 \cdot H_2O$ 能够将形成的二氧化硅腐蚀掉。这个过程在清洗过程中不断重复，直至达到将表面污染物去除的目的。在清洗完毕之后，在硅片上形成一层氧化膜和亲水的硅羟基表面。

③ 在去离子纯水中超声清洗 10min，除尽残余 SC1 溶液。

④ 将基底在 SC2（15%HCl+15%H_2O_2+70%H_2O，体积比）溶液处理 15min，温度依然保持 80℃。此步骤主要去除表面的各种金属粒子。H_2O_2 将金属粒子氧化，同时与 Cl 离子形成配离子而除去。

⑤ 再在去离子纯水中超声清洗 10min，除尽残余的 SC2 溶液。

⑥ 将硅片浸入 HF 溶液（HF∶H_2O_2=1∶10，体积比）中保持 30s，使硅片表面形成硅氢键，形成疏水表面。

⑦ 最后用 N_2 吹干。

3.5.3 抗粘层的制备

在纳米压印工艺中，热压印必须要考虑的一个问题就是如何降低压模与压印胶之间的粘连问题。一方面要求作为压印胶的聚合物与基底材料之间有较强的附着能力，这样才能保证在脱模过程中压印胶不与基底脱离；另一方面，聚合物和压模之间应有尽可能低的相互作用力，否则在脱模过程中会因聚合物与压模之间发生粘连而影响压印质量。

通常压模与压印胶黏结力的大小跟相互作用面积相关，相互作用面积越大，相互作用力越强。而热压印技术中使用的压模往往带有大量的微纳米结构图形，所以模具和压印胶之间的黏结力很大，粘连问题很严重。

图 3-33 为实验中观察到的粘连现象。

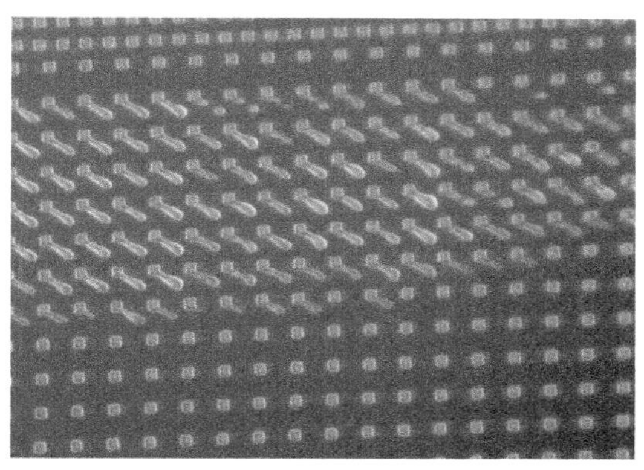

图 3-33　实验中观察到的粘连现象

从图 3-33 中能够清楚地看到，线条由于模具与 PMMA 胶之间黏结力过大，线条与方形凹块图形遭受撕扯。

对于 Si 材料制成的模板，同样需要使用抗粘层工艺，其材料一般为氟氯硅烷如 F_{13}-TCS（tri-decafluoro-1,1,2,2-tetrahydrooctyltrichlorosilane）。当 Si 模板经过 SC1 溶液清洗后，在模板上会形成以 Si—OH 结尾的表面。这些 Si—OH 作为化学吸附位点与 F_{13}-TCS 中的 Si—Cl 基团反应并放出 HCl，从而以 Si—O—Si 形式将 F_{13}-TCS 牢牢锚定在模板表面。

选择如下的抗粘层沉积工艺（所有工艺均在手套箱中完成，抗粘层工艺见前文硅模具工艺）：首先在聚四氟乙烯容器中注入 5μL 的 F_{13}-TCS，将已经黏附有模板的容器盖盖上，在室温下放置 1h；然后升温至 200℃，反应 150min；最后，待温度降至室温，用丙酮（或正己烷）淋洗模板。实验证明，涂覆了抗粘层的模板有效地避免了模板与压印胶的粘连，同时具有良好的耐久性，经过数十次的压印仍然具有良好的抗粘效果。

3.5.4　压印胶的配制和旋涂

压印胶采用百灵威公司生产的 PMMA350，平均分子量为 350000。PMMA（聚甲基丙烯酸甲酯）是在电子束刻蚀技术中普遍使用的光刻胶，具有制备高分辨图案的能力，同时在温度和压力变化范围较大的情况下也不会有很大的体积变化。由于压印胶的厚度需要根据所用模板的图形高度而设定，因此实际过程中 PMMA/苯甲醚溶液的浓度以及旋涂的转速均会有所不同。根据所需厚度配制相应的 PMMA/苯甲醚溶液，从天津市大茂化学试剂厂购得苯甲醚（分子量：108.14），PMMA/苯甲醚[10%（质量分数）]，在烧杯中混合，开始为浊液，需一边用玻璃棒搅拌一边超声处理，否则将出现大块塑料状物质。超声处理30min后，浊液开始变得澄清，但此时悬涂后会出现大量未溶的颗粒。超声处理50min后悬涂，也出现少量的未溶颗粒。超声处理60～80min后悬涂，不再出现颗粒，说明PMMA完全溶于苯甲醚中。

配制好压印胶之后，采用如图3-34所示参数进行旋涂。

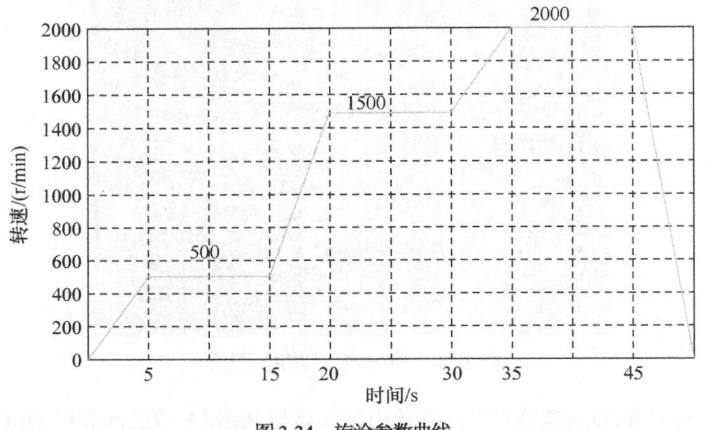

图3-34　旋涂参数曲线

在2英寸p型硅片（1～10Ω·cm，ϕ2mm，111面）表面旋涂4mL 10%（质量分数）浓度的PMMA/苯乙醚溶液。厚度用SPM测得为2μm，均匀性误差不大于1%。悬涂后，取下硅片放在170℃的烘箱中烘焙30min，以使PMMA彻底固化。

3.5.5　压印中温度、压力、时间的控制

在纳米压印中，温度、压力和时间的控制对压印结果的好坏有着重要的影响，下面分别就这三个方面的影响进行了讨论，并根据实际情况制定了实验参数。

（1）温度对纳米压印的影响

当压模被施加一定压力进行压印时，压模和基底的温度都需要升高到压印胶的玻璃化转变温度之上。此时，压印胶具有良好的流变性能、足够软化，在压印过程中不会导致模板的损坏。另外，良好的流变性能，使压印胶在填充模板中的空隙时更加容易，使压印过程时间更短，提高了压印的效率，同时减小了模板被损坏的概率。

热压印过程中温度要高于压印胶的玻璃化温度，但温度过高，可能破坏压印胶本身的分子链结构，使得压印图形产生很多缺陷；而过低的温度会导致压印胶填充不完全，流动不充分。聚合物黏度的比率随温度的变化关系式为式（3-1）：

$$\lg\frac{\eta}{\eta_0}=\frac{C_1(\tau-T_0)}{C_2+(T-T_0)} \tag{3-1}$$

式中，τ为聚合物的松弛时间；η为聚合物的黏度；T为热力学温度；τ_0和η_0分别为在参考温度下τ和η的取值；在温度$T_0=T_g$（压印胶的玻璃化相变温度）时，常数C_1=17.44K，C_2=51.6K[56]。从上式可知，压印胶黏度的比率随着压印温度的升高而减小。压印胶分子量越小，压印胶黏度越小，流动性越好，但较高的压印温度对压印基底和压印设备的损害很大，并且脱模温度一般较低，过高的压印温度会极大增加压印周期。

需要指出的是，并非温度越高越好。首先，作为压印胶的聚合物自身并不能承受很高的温度；其次，较高的温度表明需要更多的时间升温，同样需要更多的时间降温。这样就会直接影响压印的效率，而效率是纳米压印技术的一个重要优势。除压印中的温度以外，温度参数的控制还体现在退模操作上。温度只有降低到压印胶的玻璃化转变温度之下，才适合退模操作的进行。此时，压印胶已经固化，当施加在模板上的压力撤掉之后，压印胶仍能保持原来的形状，从而达到压印胶图形化的目的。退模温度同样不能过于接近压印胶的玻璃化转变温度，否则压印胶没有足够固化即没有足够的机械强度，此时撤去模板很有可能将在压印胶上的图形破坏掉。总之，应该合理控制压印的温度参数，既不影响压印质量，也不影响压印效率。

（2）压力对纳米压印的影响

与温度对纳米压印结果的影响相似，压力的影响同样非常明显。在压印过程中，施加的压力需要根据所用压印胶的种类以及施加压力时温度设置。提高施加的压力固然可以令压印图形转移的速度更快，从而提高压印的效率，可是，过高的压力将使模板损坏的概率大大提高，而模板的制备是一件耗时、耗力、高费用的过程，显然这是得不偿失的。即使模板在压印过程并未被损坏，在过高压力之下也会导致模板在压印过程中变形，从而令原本规则的图形在压印胶上表现得高低不平。这种情况在模板上具有较大图形尺寸变化时非常明显，已经成为制约纳米压印技术发展的一个关键性问题。当施加的压力过低时也会令压印失败。在压印过程中过低的压力不能保证将模板材料完全压入压印胶中，要么模板的图形不能完全复制到压印胶上，图形转移失败；要么没有达到设计的深宽比，导致微结构失调，工艺失败。

（3）时间对纳米压印的影响

压印的时间与温度、压力参数共同对压印产生影响。在压印过程中，压力的加载时间关系到压印的效率。如果加载压力的时间充分，压印胶的填充将会更加充分，从而保证图形的完整正确。而如果加载时间过长，将会导致压印效率低下，或者损坏压模。相反，如果加载压力的时间不够，那么压印胶就不能及时地填充到模板的空隙中，从而导致图形不完整。加载压力的时间必须在模板和基底的温度均达到设定温度之后，即当温度超过压印胶的玻璃化转变温度之后。过早地加载压力将会导致模板与仍然坚硬的压印胶接触，损坏模板，或者是压印结束后由于一定的弹性形变而恢复，使图形不完整。

Heyderman 等[57]推导的聚合物完全转移形成压印图形所需时间的计算公式如下：

$$t_{\mathrm{f}}=\frac{1/h_{\mathrm{f}}^{2}-1/h_{0}^{2}}{2P}\eta S \tag{3-2}$$

式中，t_{f}为压印时间；η为聚合物黏度；S为图形化面积；h_{f}为压印后聚合物高度；h_0为初始聚合物高度；P为压力。当聚合物的平均分子量、厚度、模板的尺寸以及压印温度一定时，压印压力与时间的选择取决于聚合物的黏度[58]。压印胶黏度一定的条件下，增大压印压力会缩短压印时间。但是，升高温度比增加压力更有效，因为聚合物黏度的比率随温度升高呈指数关系变化。

实验过程中具有代表性的 3 次压印条件如表 3-10 所示。

表 3-10　压印条件

实验	分子量	压印压力/MPa	压引温度/℃	压印时间/s	脱模温度/℃
1	350	4	190	300	90
2	350	5	190	300	80
3	350	5	200	540	80

采用表 3-11 中实验 2 条件进行热压印实验。在方块阵列中，每个阵列单元中央或接近中央处都出现了孔洞，具体如图 3-35 所示。

图 3-35　热压印方块阵列孔洞现象

因为填充方块阵列的压印胶来自两个方面：一方面来自压印图形区域内部的压印胶；另一方面来自压印区域周边的压印胶。周边区域的压印胶在外界压力的作用下沿着侧壁流入压印区域，但它不会与压印区域内的压印胶融合，而是沿着侧壁继续向上，因此压印区域内部中央区域会有一种相对凹陷的坑，此时若压印胶流动不完全，方块阵列中气体未能完全排除，则中央区域便会形成气泡。

利用 MEMS 专用设计软件 IntelliSuite 仿真软件中的 3D Builder 模块和 ThermoElectroMechanical 模块仿真压印胶在表 3-11 中实验 2 条件下的压印过程。力学仿真结果如图 3-36 所示。

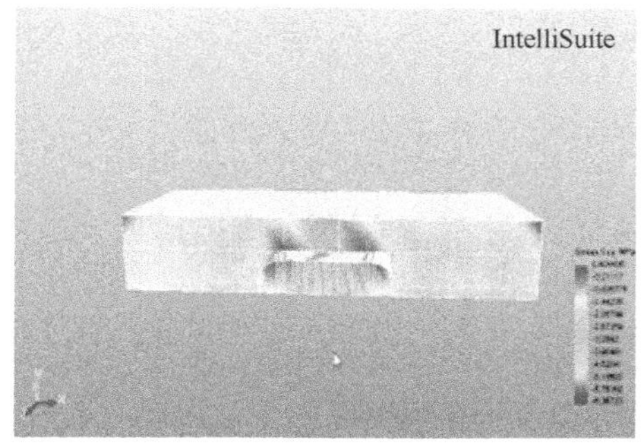

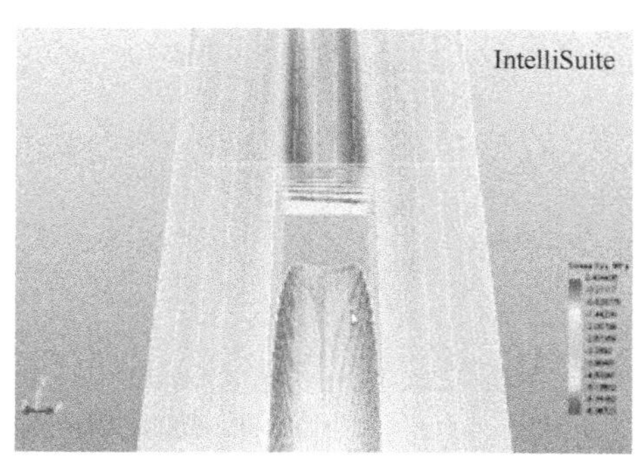

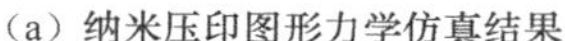

（a）纳米压印图形力学仿真结果　　（b）仿真结果沿 Y 轴上数值放大10倍图

图 3-36　力学仿真结果

在图 3-36（a）中可以清楚看到方块阵列压印区域内部边缘处向上的力最大。为了便于观看仿真结果，可将 Y 轴上数值放大 10 倍，得到图 3-36（b），在图中，方块阵列中央区域明显凹陷。

将所压印的图形转移到硅基底上，利用场发射扫描电子显微镜（SEM）观察，结果如图 3-37 所示。

图 3-37　场发射扫描电子显微镜（SEM）观察到的转移到硅片上的图形

从图 3-37 可以看出，由于压印胶中孔洞的存在，模具方块阵列转移到硅片上的图形已严重变形。

综合分析影响压印胶流动性的各个因素，得出表 3-10 中实验 3 的优化条件，并压印出了高精度的微米级图形，如图 3-38 所示。

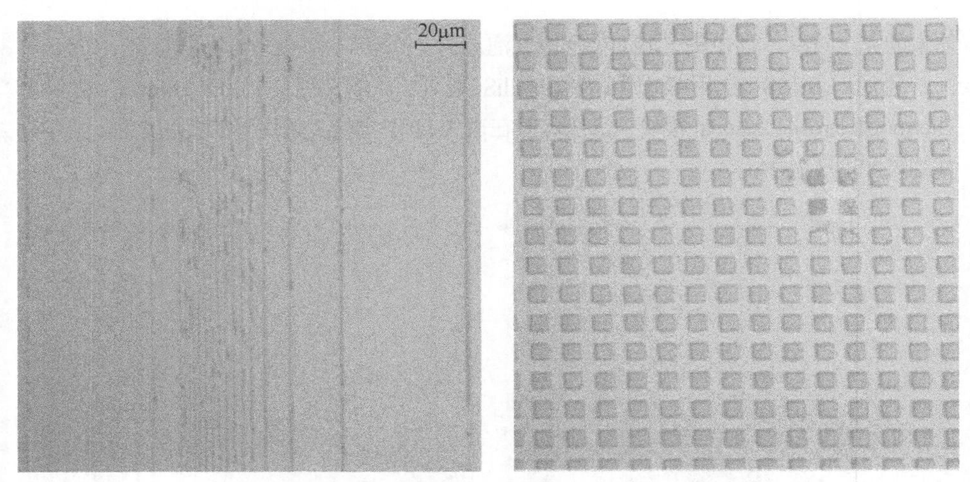

图 3-38　金相显微镜明场下观察到的高精度微米级图形

3.5.6　参数设置

在具体实验中，采用的压力为 40bar，压印温度为 190℃，比压印胶（PMMA，分子量为 350000）的玻璃化转变温度（T_g=120℃）高 70℃，压力和温度同时加载时间为 5min 左右，退模时温度为 90℃。图 3-39 所示为 OBDUCAT SWEDEN 型号的纳米压印机操作界面。

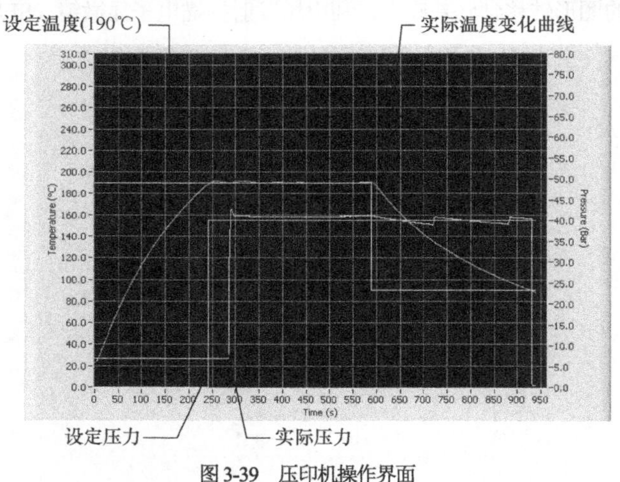

图 3-39　压印机操作界面

从图 3-39 中可以看出，由于压印条件、模具、压印胶以及压印使用铝箔等原因，实际的温度与压力只能在设定值附近变化。一般来说，变化越大，所得压印效果越差。因此，必须综合考虑压印压力、温度、时间和模具图案对压印胶填充效果的影响。采用表 3-10 中实验 1 条件观察到图 3-40 所示 PMMA 胶流动不充分现象。解决这些问题必须综合考虑这些因素对于压印胶流动性的影响。

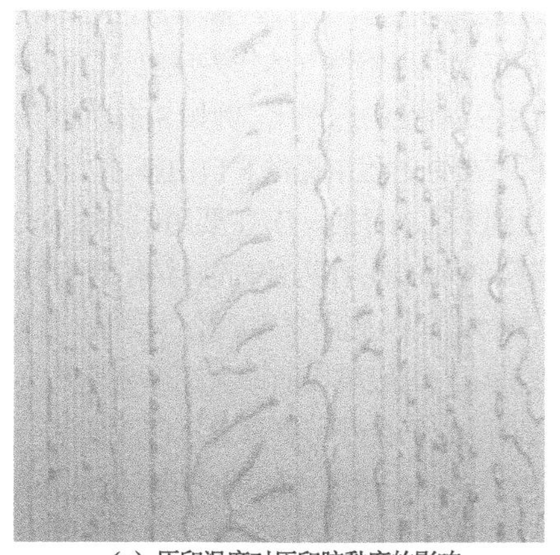

（a）压印温度对压印胶黏度的影响

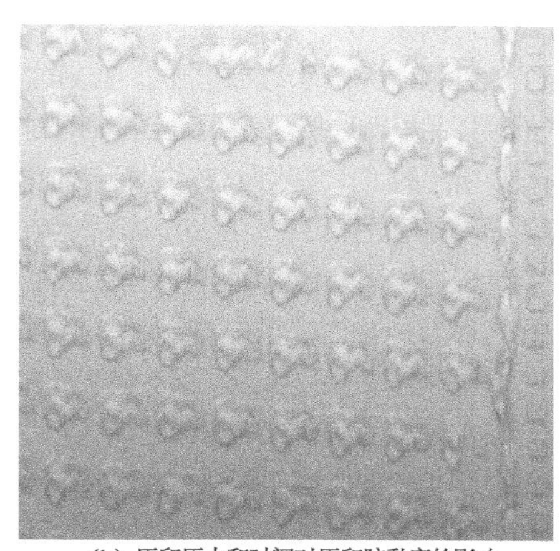

（b）压印压力和时间对压印胶黏度的影响

图 3-40　PMMA 胶流动不充分现象

如图 3-41 所示为利用上述参数压印的微结构在金相显微镜下的照片，与前文的压模相比，图形规则整齐，与压模相符，说明上述参数正确，压印实验取得了成功。另外，图中显示有白色杂质，其一部分为工艺后样品保存不当引入的，以后工作中应多加注意；还有一部分是压印胶本身的问题，可能受到污染，需要在以后的实验中加以研究和解决。

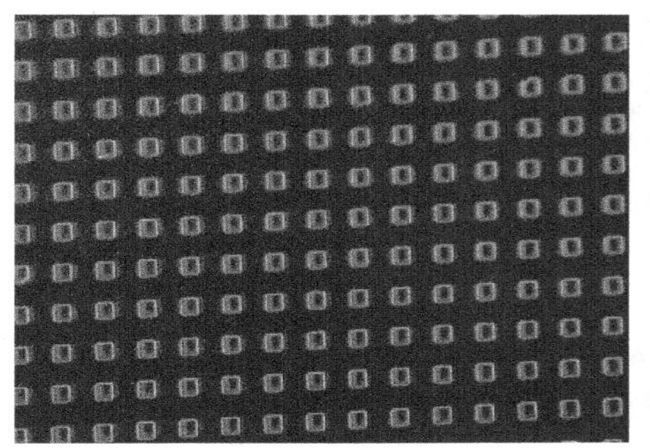

图 3-41　金相显微镜下工艺实现的纳米图形

3.5.7　图形转移

完成纳米压印的操作后，下一步就要将图形转移到基底材料上，完成图形转移，在基底上获得与模板结构相同或是相反的结构，从而达到制备纳米结构的目的。这一过程采用成熟的半导体加工工艺即可。

（1）压印残胶的去除

在传统光刻技术中，进行各向异性刻蚀的基本方法就是反应离子刻蚀技术。反应离子刻蚀技术源自等离子体刻蚀技术。但是在等离子体刻蚀技术中，起刻蚀作用的仅仅是惰性离子，例如 Ar^+，它具有完全的各向异性，但是选择比极差。而反应离子刻蚀技术就是为了改善这种状况而发展起来的。在刻蚀体系中不仅仅利用惰性气体作为反应气，而是根据刻蚀样品材料选择合适的反应气辅助刻蚀，从而提高刻蚀的选择比。例如 Si 作为被刻蚀材料，所用的工作气体为 SF_6/O_2 混合气，其中 SF_6 在刻蚀过程中提供 F 自由基、F^+和中性原子，与 Si 发生反应产生 SiF_x 挥发性物质从而达到刻蚀的目的，O_2 主要用于产生 $SiOF_x$ 的惰性保护层，防止过大的各向同性腐蚀刻蚀侧壁。再如 SiO_2 作为被刻蚀材料，所使用的工作气体为 CHF_3/O_2，其中 CHF_3 作为主要的刻蚀气体，而 O_2 则用来生成惰性层保护侧壁。

在纳米压印过程中为了保护模板和基底不被破坏，一般模板的最大图形高度均小于压印胶的厚度。因此，当压印结束之后，图形的凹陷处仍会残留有部分压印胶。这一层压印胶将会妨碍以后的图形转移过程，因此必须除去，而一般的方法就是反应离子刻蚀。采用的工作气体则是 O_2。压印胶的组成大部分为有机物，在与 O_2 的反应过程中生成 H_2O 和 CO_2 等气体物质被带离表面从而达到刻蚀的目的。

纳米压印之后需要去除残留在基底上的残胶。实验中选择的压印胶为聚甲基丙烯酸甲酯（PMMA），利用 Oxford Plasmalab 80 plus 反应离子刻蚀机，采用氧等离子体轰击残胶的办法来调整压印后残胶厚度。具体参数如表 3-11 所示。

表 3-11　O_2 等离子体刻蚀参数

压力	射频功率	气体	气体流量
40mTorr	50W	O_2	50sccm

注：PMMA 刻蚀速度为 30nm/s。1mTorr≈0.133Pa。下同。

（2）基底的刻蚀

实验中利用 SF_6/O_2 混合气刻蚀 Si 基底。其中 SF_6 在刻蚀过程中提供 F 自由基，F^+ 离子与 Si 发生反应产生 SiF_x 挥发性物质，从而达到刻蚀的目的；O_2 的主要作用是通过化学反应产生惰性保护层，以便保证侧壁陡直。实验具体参数见表 3-12。

表 3-12　Si 刻蚀参数

压力	射频功率	气体	气体流量
40mTorr	100W	SF_6/O_2	40sccm/1sccm

注：硅刻蚀速率 300nm/s。

（3）金属化

在图形转移的过程中可以得到两种形式的最终结构：一种是与模板相反的结构，直接作为掩模进行各向异性刻蚀就能够在基底上获得这种图形；另一种是与模板相同的结构，这就要进行金属化的过程。

利用金属层作为掩模板，再用 RIE 刻蚀硅基底，在硅基底上得到的微结构如图 3-42

所示，完成了图形金属化的过程，最后金属层可用酸去除。

金属化首先要保证图形凹槽中已经没有残留的聚合物，这一点纳米压印技术和传统光刻技术不同。在传统光刻技术中曝光的光刻胶通过显影操作去除不必要的部分而不会留下残留的光刻胶，而在纳米压印中为了避免模板和基底的损坏总会残留一些压印胶，因此在金属化之前要用 RIE 将残留的压印胶去除。去除之后就可以在表面上蒸镀金属进行金属化。蒸镀的金属分别沉积在压印胶和基底上，然后再利用溶剂将压印胶溶解掉，附着在压印胶上的金属会随之剥离而仅保留下直接与基底接触的金属。

由于有机物抗刻蚀性能不佳，因此直接用压印胶充当 RIE 的刻蚀掩模得到的结构深宽比不足。而经过金属化的结构可以利用抗刻蚀性能更好的金属作为 RIE 的刻蚀掩模，由于有机物抗刻蚀性能不佳，因此如果直接将压印胶充当 RIE 的刻蚀掩模，得到的结构深宽比不足，这就大大限制了运用的范围。而经过金属化的结构，可以利用抗刻蚀性能更好的金属作为 RIE 的刻蚀掩模，用于制备高深宽比的结构。

实验中沉积金属为 20nm 左右的 Cr。沉积完毕后在热丙酮溶液中超声 20min 以去除 PMMA。衬底上剩余金属层作为掩模板，再用 RIE 刻蚀硅基底，最后用碘化钾溶液洗掉金属掩模层，在硅基底上得到的微结构如图 3-42 所示，完成图形转移过程。

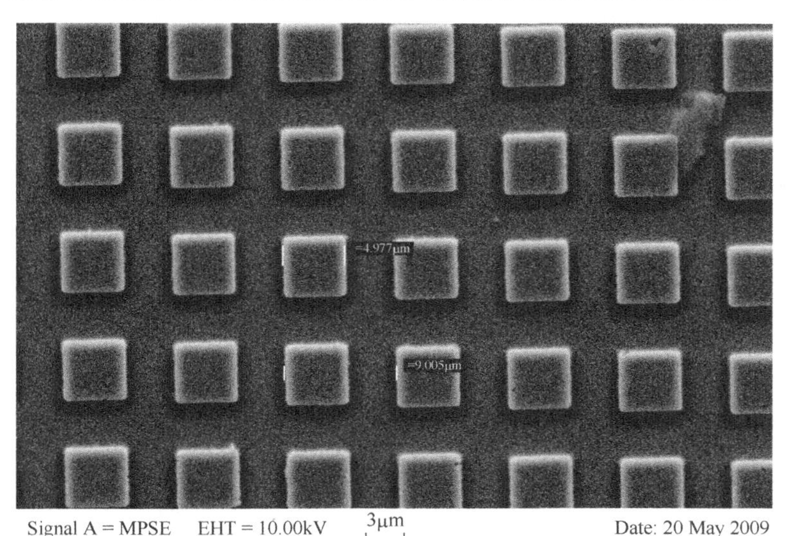

图 3-42　最终在硅基底得到的微结构

3.6　实验结果

通过严格执行上述工艺过程，模具和芯片的成品率大幅提高，图 3-43（a）、图 3-43（b）

分别给出了采用上述工艺制作出来的微流控芯片及其通道壁电镜图片，芯片尺寸相当于一个硬币大小。从图3-43（b）中的局部照片可以看出加工出的微流控芯片的精度情况，该方法制作的微流控芯片满足要求。芯片通道尺寸如表3-13所示。

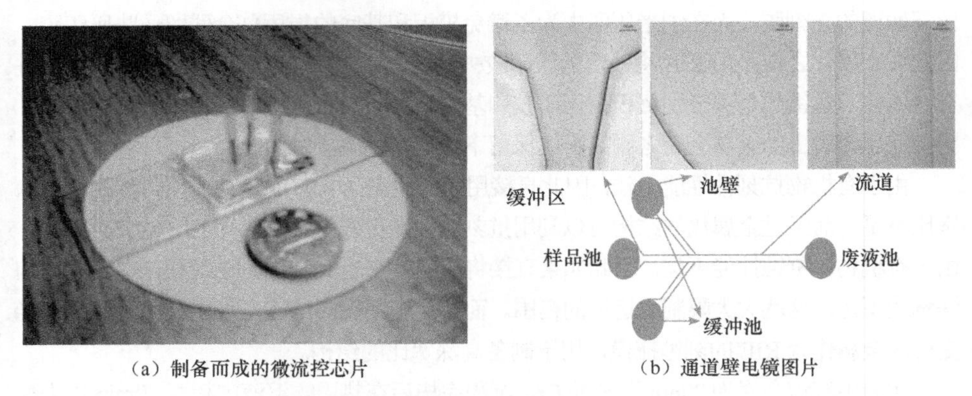

（a）制备而成的微流控芯片　　（b）通道壁电镜图片

图3-43　实验中制作出的微流控芯片

表3-13　微流控芯片主要参数

样品入口宽度/μm	50
鞘液流入口宽度/μm	130
样品与鞘液夹角/(°)	60
出口宽度/μm	300
通道深度/μm	70

3.7　本章小结

本章主要介绍了微流控芯片的制备方法和加工工艺的，介绍了PDMS的性质和不同配比对材料的影响。介绍了浇注法制造微流控芯片的要求，分别给出了使用硅模具和SU-8胶模具的微流控芯片制作工艺流程。研究了微流控芯片的浇注模具制作方法，主要为硅模具和SU-8胶模具的制作方法，分析和比较了各种模具制备方法的优势和缺点。

提出了一套完整的SU-8胶模具的加工工艺，并分析了各种加工程序对模具的影响，对工艺进行了优化和改进，加工出了合格模具并制作抗粘层，完成了模具的加工。对模具进行了显微镜扫描，模具层次清楚，效果明显，符合浇注工艺的要求。

采用浇注法制备出微流控芯片的基片，脱模后采用氧等离子体处理方式，提高封接效率，改变PDMS和玻璃的疏水性，保证了流体在芯片通道内能顺利通行。最后，将处理好的芯片与玻璃基底紧密贴在一起，加热封合，经过管道连接后得到完整的微流控芯片。

第4章

基于流式细胞技术的微流控芯片应用

近年来，对流行性疾病尤其是高传染性、高危害性疾病等进行早期预防性的诊断和防治，已成为科研人员研究关注的热点。微机电系统（MEMS）是一门新兴的高科技技术，具有与多种科技结合而发挥其特长的优势，为疾病预防提供了很好的方法，通过多学科的交流和优势结合，能够形成功能强大的预防检测手段，从而为生物检测提供了新的思路和研究方向，生物芯片技术正是这种新思路的一种体现。

生物芯片是近年来发展极其迅速的一门新技术，尤其是在相关的生命科学研究领域，它结合微电子工艺中的加工技术，发挥自身在生物检测领域的优势，并结合其他方向相关的科技手段，将以往非常巨大的科研仪器缩小到微米级的流体芯片中。多方面优势结合的特点使得高速并行检测技术等得到迅速发展[81-83]。

当一个生物实验室缩小到微米的级别时，会产生许多意想不到的优势。设备的检测效率大幅提高，并能够大大降低其操作成本，而且实验中对于试剂的使用大大减少，可有效降低对于资源的损耗，实现检测费用的大幅降低。采用快速并行检测的方式，检测效率高、对于防疫等具有重要的意义，同时采用微流控技术的仪器设备还有便于携带、操作简便等优点[84]。

4.1 生物芯片技术要点及分类

生物芯片技术主要包括四个方面的内容[35]，分别为芯片制备、样品制备、生物分子反应和芯片信号检测。

（1）芯片制备

目前制备芯片主要采用表面化学的方法或组合化学的方法来处理芯片（玻璃片、硅片或者其他材料），然后使 DNA 片段或蛋白质分子按顺序排列在芯片上[36]。目前，已经有把将近 40 万种不同的 DNA 分子放在 1cm^2 的芯片产生，并且正在制备包含 50 万～100 万个 DNA 探针的人类基因检测芯片。

（2）样品制备

探针或者靶为 DNA（蛋白），则称为基因芯片（蛋白芯片）。基因芯片有寡核苷酸芯片和 cDNA 芯片。无论哪一种芯片都包括两种模式：一是将靶 DNA（蛋白）固定于支持物上，这种适合大量不同靶 DNA（蛋白）的分析；二是将大量探针分子固定于支持物上，这种适合对同一靶 DNA（蛋白）进行不同探针序列的分析。

（3）生物分子反应

芯片上的生物分子之间的反应是生物芯片检测的关键一步。通过选择合适的反应条件使生物分子间反应处于一种最佳状态，减少生物分子之间的错误匹配比率。将经过标记（同位素或荧光）的样品核酸和固定在芯片上的成千上万的探针分子进行杂交反应，杂交的基本过程如图 4-1 所示。

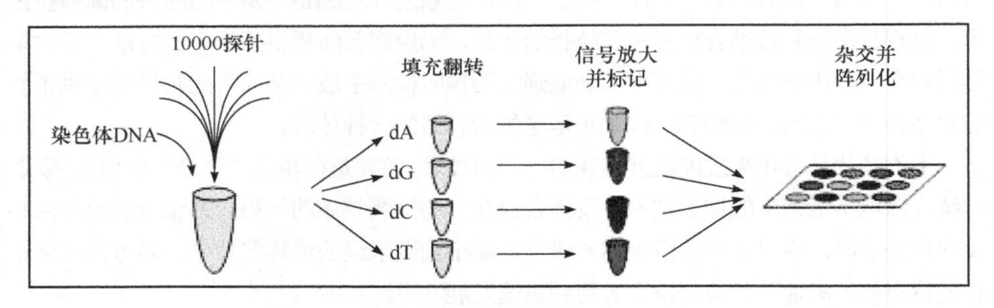

图 4-1 生物芯片杂交反应过程示意图

首先从待测细胞和参考细胞中提取出相应的 RNA 信息，经过一系列生物化学过程后 RNA 被转录成 DNA，并标记上不同的荧光染料。标记过的 DNA 和已知结构的生物芯片进行杂交反应，如果生物芯片上有这个基因的互补基因，该基因就会与之结合，固定在生物芯片上，否则基因就会在漂洗过程中被清洗掉。然后，经过杂交反应的生物芯片被烘干后，用生物芯片荧光分析，扫描得到相应的荧光图像，荧光的强度间接地反映了杂交反应的程度[35]。

（4）芯片信号检测

常用的芯片信号检测是将芯片置入芯片扫描仪中，通过采集各反应点的荧光位置、荧光强弱，再经过相关软件分析图像，即可获得有关生物信息。

生物芯片的检测实际上就是获取标记目标变化信息的过程，是生物芯片相关技术的一个重要组成部分[35]。近年来，人们已经提出和发展了多种生物芯片检测方法，包括荧光法、质谱法、化学发光和光导纤维、二极管方阵检测、乳胶凝集反应和直接电荷变化检测等。相应地产生了各种检测仪器，如共焦扫描荧光探测系统和 CCD 荧光探测系统、量子生物化合反应生物芯片探测系统、单光子微荧光探测系统、近场光学与微光学生物芯片探测系统等。荧光测试方法因其分辨能力和灵敏度高、定位功能强而被普遍采用，并取得了相当的成果[38]。其中的共焦扫描荧光探测系统和 CCD 荧光探测系统已经相当成熟，并实现产品化[39]。

由于利用生物芯片可以一次性地得到大量实验数据，因此需要一个专用的软件系统来处理数据。完整的生物芯片数据处理系统，应该包括芯片图像分析和数据提取、芯片数据的统计学分析和生物学分析、芯片的数据库收集和管理、芯片检测基因的国际互联网检索、相关基因数据库分析和收集等功能。

图 4-2 为生物芯片处理信息过程数据流示意图。

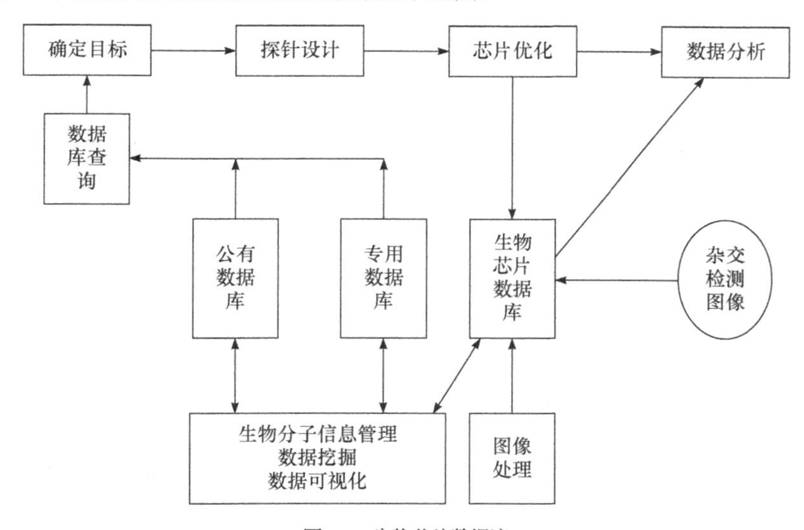

图 4-2　生物芯片数据流

生物芯片根据生物分析反应的不同（即检测对象或应用领域的不同），可分为基因芯片、蛋白质芯片、芯片实验室（Lab-on-a-chip）等；而根据芯片阵形构建的形式不同，又可以分为固相阵列芯片（Solid/Flat Array）和悬浮阵列芯片（Suspension Array）。

4.1.1　固相阵列芯片及其局限性

固相阵列芯片利用分子杂交技术，将大量 DNA 片断（或蛋白质分子）按一定顺序排列，并固定于某种固相载体表面（玻片、尼龙膜等），形成致密有序的 DNA（或蛋白质分子）点阵[35-37]。点阵与标记的样品分子进行杂交后，通过检测杂交信号，实现对 DNA、蛋白质、细胞以及其他生物组分的准确、快速地检测和分析，进而获取样品分子的数量和序列信息等[35-37]。由于这种生物芯片的密度高，样品量很少，杂交信号弱，故必须用灵敏度高的光电倍增管或CCD相机来探测信息。

固相阵列芯片（图4-3）采用光导原位合成或微量点样[35-37]等微加工、自动化和化学合成技术方法，将大量核酸片段（寡核苷酸/PNA、cDNA、基因组DNA）或多肽分子以预先设计的方式固定在面积较小的基片（玻片、硅片、聚丙烯酰胺凝胶、尼龙膜等载体）上，芯片上探针分子的种类、数量以及分布都是确定的，在生物化学实验或检测中可以与待测未知样品中的目标分子发生杂交反应；反应过后，目标分子将与对应种类的探针分子相结合而滞留于生物芯片上，所有的样品分子皆以示踪物（主要为荧光物质）进行标记，通过激光共聚集扫描或CCD，对芯片滞留分子上标记的示踪物所发出的信号进行检测分析，确定示踪物信号的分布及强弱，可以得到样品分子中包含的目标分子的种类、数量等信息。它具有高通量、并行检测、快速解读的优点，用于进行DNA序列测定、基因多态性检测、基因突变的检测、基因表达的检测以及分子扩增与样品分离等[35]。

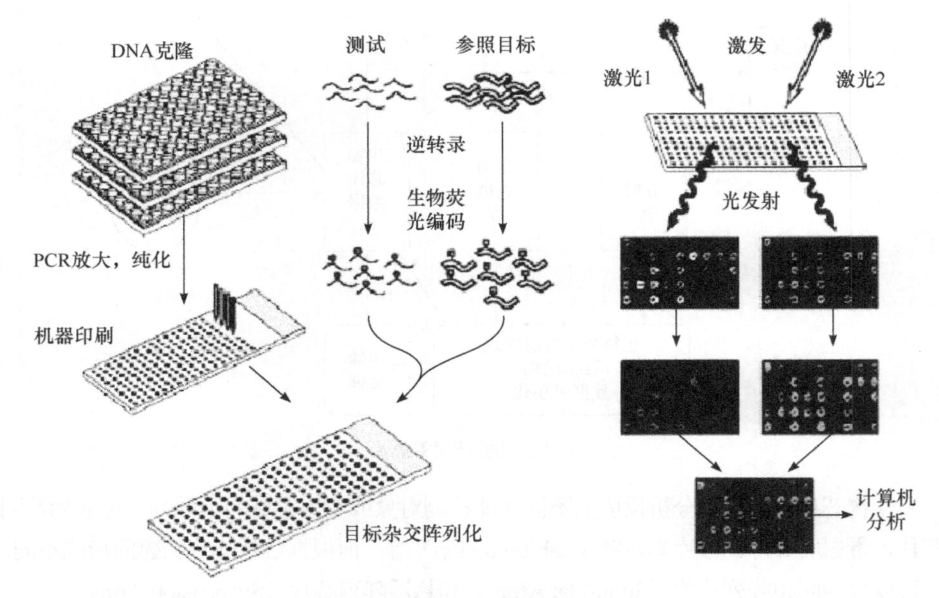

图4-3　固相阵列芯片（基因测序分析芯片）

这种传统的固相阵列芯片技术对生化检测和分析有划时代的意义。

但是，固相阵列芯片的缺点也十分突出：其制作工艺复杂、成本昂贵，不宜根据每个不同检测对象制作不同的生物芯片；在制作过程中，点阵的均匀性很难达到较高水平；其杂交反应亲和力弱，并需小心冲洗，这给芯片的检测带来很大的不便；在检测时存在表面张力和空间障碍对反应动力学的影响；检测数据精度和重复性问题；大样本检测成本问题等。

另外，随着MEMS和微流控技术（Microfluidics）的发展，集成化、微型化、系统化是生物检测仪器的发展趋势，最终要实现低成本和便携化，从单一科研应用走向民用。显然，传统固相阵列芯片由于其自身的局限性，不能顺应这一发展潮流。于是，悬浮阵列生物芯片技术应运而生。

4.1.2　悬浮阵列芯片

悬浮阵列芯片技术是利用微球作为载体、流式细胞仪（Flow Cytometer）作为检测平台，对蛋白质、核酸、肽等分子进行大规模检测的一种多路复用技术。悬浮阵列技术把生物芯片的微点阵载体变化为微球载体，结合微流控、流式细胞仪等技术，能在液相环境中进行生化反应、操作、检测等，极大地提高了检测灵活性，扩展了生物芯片的应用。

悬浮阵列技术（Suspension Array Technology，SAT）也可以被称作液相阵列芯片技术，它是一种采用悬浮式点阵进行生物医学检测的高新技术。它集中了多学科、各方面的高新先进技术，尤其是将生物检测与微细加工有机结合。同时，将流式细胞检测技术原理与生物芯片检测技术紧密地结合起来，大大拓展了流式细胞技术的应用范围，采用硬质的微观球体来代替软质的细胞作为整个反应的载体，可以对蛋白、核酸等生物大分子进行细致分析和检测，其检测的范围大大提高，使得这种技术被进一步推广和应用。

悬浮阵列技术主要由四部分组成：微球载体、流动室和液流系统、光路系统以及电路系统。其作用如下：

① 微球载体：连接生物探针，是生化分析的主体。

② 流动室和液流系统：进行生化反应并依次传送待测样本到激光照射区。

③ 光路系统：微球由激光激发，通过光学编码标记产生光信号，并传送到相应的探测器。

④ 电路系统：把光信号转换为电信号，进行数据分析和处理。

4.2　悬浮阵列检测原理

悬浮阵列是一个非常灵活的多功能技术平台，有很多优点，如非常方便进行操作和高度灵活的阵列形成方法等。目前，已经有很多悬浮阵列方面的论文发表，在简单化、成本、稳定性、自动化等诸多方面提出改进，不断优化这种多路分析系统的性能。

悬浮阵列芯片技术被认为是后基因组时代的一种新型的芯片技术，是在 20 世纪末期由美国 Luminex 公司开发出来并推广的。这里主要以基于微球的美国 Luminex 公司的 xMAP 技术为例，简要介绍悬浮阵列技术的检测原理。其关键是把微球（Microsperes/

Microbeads）分别染成不同的荧光色，然后再把针对不同检测物的核酸（互补链）或蛋白（如抗原抗体）以共价方式结合到特定颜色的微球上。应用时，先把针对不同检测物的、用不同颜色编码的微球混合，再加入被检测物（被检测物可以是血清中的抗原、抗体或酶等，也可以是 PCR 产物）。在悬液中的微球与被检测物特异性地结合，并加上荧光标记。然后，微球成单列通过两束激光，一束判定微球的颜色，从而决定被测物的特异性（定性）；另一束测定微球上的荧光标记强度，从而决定被测物的量（定量）。所得到的数据经电脑处理后可以直接用来判断结果。

4.2.1 微球载体结构及标记

悬浮阵列技术体系由许多不同的小球体（Beads）构成，每种小球体上固定有不同的探针分子，将这些小球体悬浮于一个液相体系中，就构成了一个液相悬浮阵列芯片系统。

图 4-4 是一个悬浮阵列生物芯片也就是微球载体的示意图，在微球体上吸附或采用化学方法接联上蛋白质、低聚核苷酸、多糖、脂质、缩氨酸或单核苷多态基因片段等生物大分子作为探针分子（Capture Molecule）。为了便于探针分子的固定，在球形基质的表面进行了一系列的修饰，可适合各种蛋白质、肽、核酸等生物分子的固定[41]。微球基质、探针分子、被检测物、报告分子是悬浮阵列生物芯片的四个主要组成部分。探针分子可以俘获示踪物（Reporter Molecule）标记的与探针分子相对应的待测样品分子（Analyte），如图 4-4 中所示。

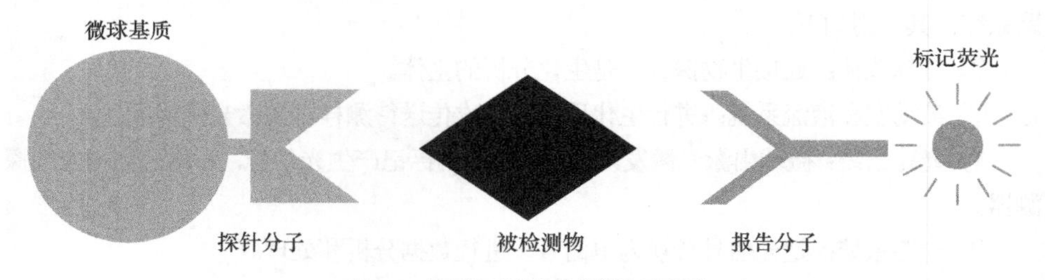

图 4-4 悬浮阵列生物芯片结构示意图

悬浮阵列生物芯片的载体是微球。由于微球的种类很多，所以可以将不同类型的探针结合不同种类的微球。每种微球上固定有不同的探针分子（如图 4-5）使其悬浮于待检测的液体中，同时结合清晰的信号读出系统，就构成了一个完整的悬浮阵列生物芯片系统。利用这个系统，可以高效并行地对不同的生物分子等进行检查，大大提高了检测效率[85-88]。

一次悬浮阵列生物芯片的检测中，往往需要数十万甚至更多的微球体携带多种探针分子进行检测，每个微球体上只有一种探针分子。为了能够区分携带不同探针分子的微球体，在制备悬浮阵列生物芯片的过程中，需要对其进行光学编码。

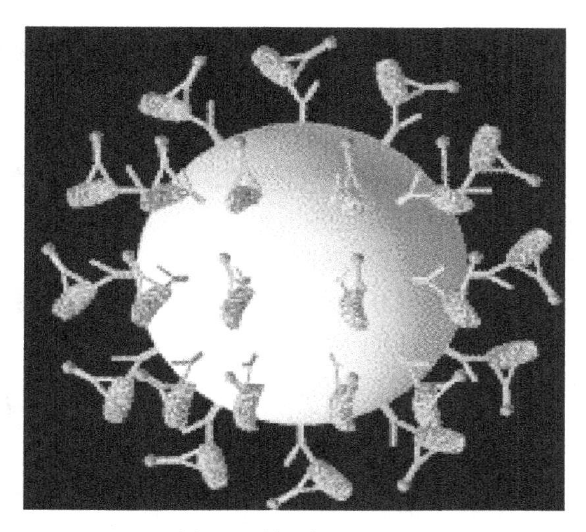

图 4-5　固定了探针的微球

高分子微球是一种效果非常好的生物探针载体，性能卓越，尤其是在生物物质的特异性检测方面，所以其更多地被应用于生物免疫的分析检测上面。早期应用最多的是聚苯乙烯微球，后来由于多种材料的相继应用，拓展了高分子微球家族，但是到目前为止应用最多最广的依旧是聚苯乙烯微球。为了对不同的待检测物进行区别，微球一般通过标记荧光素物质实现光学编码。

新近发展起来的荧光微球非常适合用于生物分析检测，主要因其具有性质稳定、均一性好等优点，而且球体的弧形表面有利于抗体和抗原的生物结合，因此其在各高新技术领域，尤其是生命科学和生物医学领域中得到大量的应用[89-94]。

高分子微球可以被应用于生物免疫分析。微球作为一种生物载体，通过物理或者化学手段使其结合抗体或抗原，然后通过凝集试验法就可以用来检测待检测液体中对应的抗原或抗体。

近年来，大范围的传染性疾病时常出现，对免疫检测技术的要求也越来越严格，单一种类的低效分析方法已不能满足当代快节奏高效率检测等的需求。这种情况下，多样本高速并行的检测方法受到了人们的高度重视。用不同颜色的荧光对微球编码，使其在生物样品检测中作为不同检测对象的载体，这种编码技术结合生物分析和光学检测等高科技手段，可以圆满地完成高通量分析监测。这是一种新型实验方法，主要是在荧光编码微球和流式细胞技术等实验技术基础上得来的。

先将不同种类（如尺寸不同）的微球分别结合某种生物抗体，在进行检测时，加入采用荧光标记的同一类对应的待测生物抗原。由于抗体和抗原之间存在特异性的结合，从而造成混合体系，形成以编码微球为载体的、具有双抗体夹心的单元（夹心复合物），该复合物可以被当做一个细胞，通过微流控芯片的流体聚焦，使其单列通过流式细胞仪的荧光检测区。检测区域根据荧光强度和种类的不同，可以方便快速并行地实现多种待测抗原定性和定量检测。

该方法最突出的优点是并行检测、效率高、效果好，如果样品中不存在可能的干扰因素，则可省略洗涤步骤[94,95]。基于编码微球的荧光分析方法重复性更好、可测范围广，而且具有很高的灵敏度，所需要的时间和样品量也更少。

一般采用荧光编码技术，即在悬浮阵列生物芯片的液相系统中，所有固定探针分子的微球都用不同比例的红色分类荧光标记地址，每种荧光的浓度又（假设）分为10个等级。如果用N种不同比例的荧光，就可以给10^N个微球标记上编码。通常采用两种分类荧光物质，这样根据微球上两种荧光物质的浓度不同，微球被分成了10^2种。将100种不同的探针分子分别固定在这100种微球上，检测装置就可同时对一个液相体系中的100种不同的待测分子进行检测[34]（如图4-6所示）。

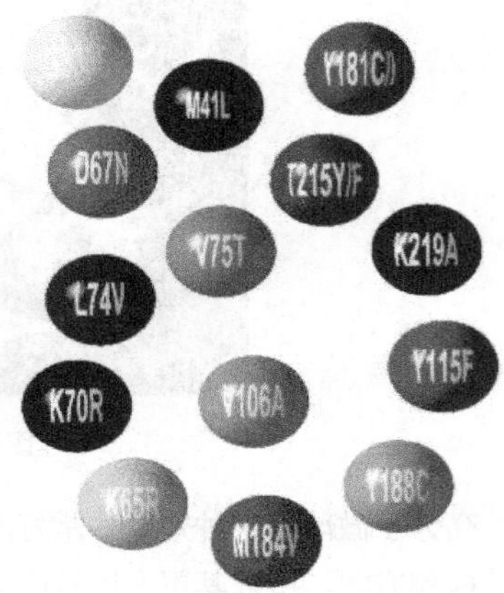

图4-6　已经标记的微球

4.2.2　悬浮阵列检测流程

目前比较流行的悬浮阵列芯片检测方法是基于流式细胞仪的串行检测方法，其检测流程及信号示意图一般如图4-7和图4-8所示。

芯片检测分析主要包括三个步骤：

（1）探针分子的固定

将探针分子固定在微球体表面（见图4-5）。

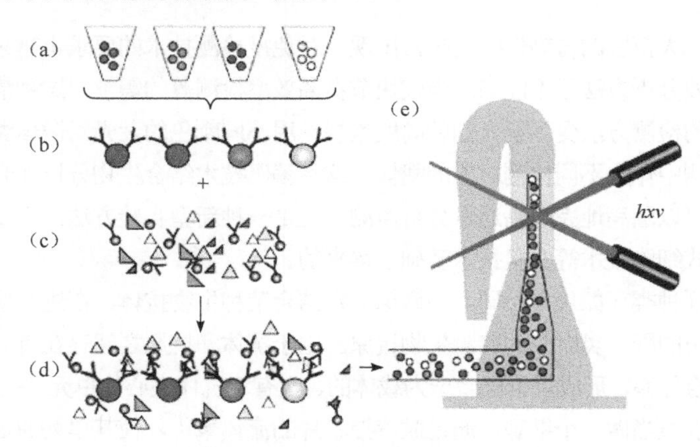

图4-7　悬浮阵列生物芯片的检测流程

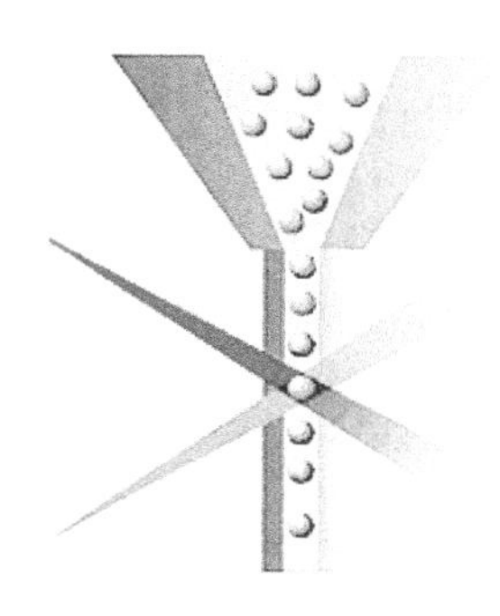
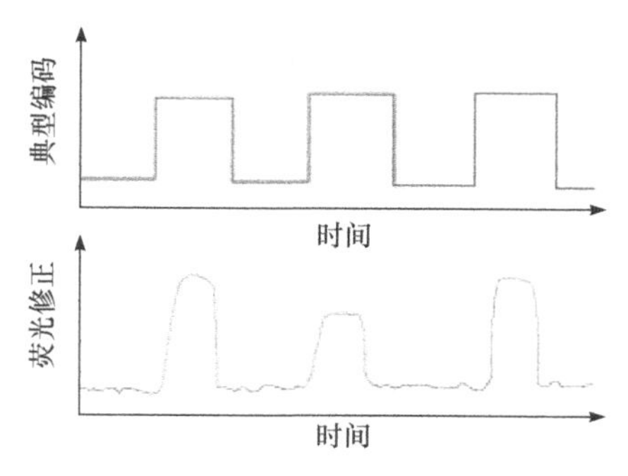

图 4-8　悬浮阵列生物芯片检测的信号示意图

（2）将这种标记好探针分子的球形基质与样品反应

探针分子可以与相应的目的分子特异性地结合。带有绿色报告荧光的报告分子也与目的分子特异性地结合，可以对反应进行定量分析。

（3）反应结果的检测

悬浮阵列生物芯片目前的检测原理是让单个带有探针的微球通过检测区域，再使用不同波长的激光同时对微球探针上的红色分类荧光和报告分子上的绿色标记荧光进行检测（图 4-9）。

一束激光激发微球探针上的红色分类荧光，产生不同的分类荧光信号，可根据荧光的浓度等级将微球探针进行分类（寻址），从而寻找到各个不同的反应分子类型。另一束激光激发的是绿色标记荧光，用来检测微球探针上结合的报告分子标记荧光的数量，即可知道微球探针上结合的待测分子的数量[42]。因此，检测装置通过两束不同波长的激光（红光和绿光）同时进行检测，可以确定被结合的待测分子的种类和数量，如图 4-10 所示。

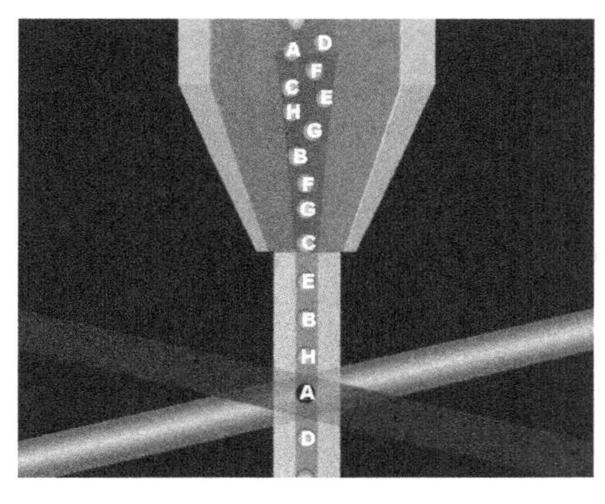

图 4-9　微球通过检测通道

图 4-10　红光确定微球编码（定性），绿光确定光强（定量）

这种检测技术每秒可以检测几十个至上百个微球探针。判断微球探针是否粘连的方法是检测微球探针的前向散射光和侧向散射光，这两种光的探测器通常采用雪崩光电二极管（APD）和光电倍增管（PMT），光路设计比较复杂，并且需要有高压偏置及低噪声放大电路[36]。

流式细胞仪作为检测平台，实际上是串行检测，大大影响了检测分析速度。这种传统的检测方法系统复杂、成本较高，限制了悬浮阵列生物芯片的进一步推广和应用。

4.2.3 悬浮阵列技术特点

① 反应面积大　微球体（若直径为 5μm，反应面积为 $\pi D^2 \approx 79\mu m^2$）球面上固定的反应试剂浓度高（$1\times10^6$～$1.7\times10^6$ 个反应分子，5μm 直径的微球）。

② 通量大　可多路复用并行分析（如图 4-11），在 35～60min 内可对 96 个不同样本进行检测。在不同的球形基质上分别固定不同的探针，混合后加入到一个液相检测体系中，不同的探针可以和不同的目的分子进行结合，反应结束后通过激光检测球形基质的色彩编号可以对不同的检测反应加以区分。

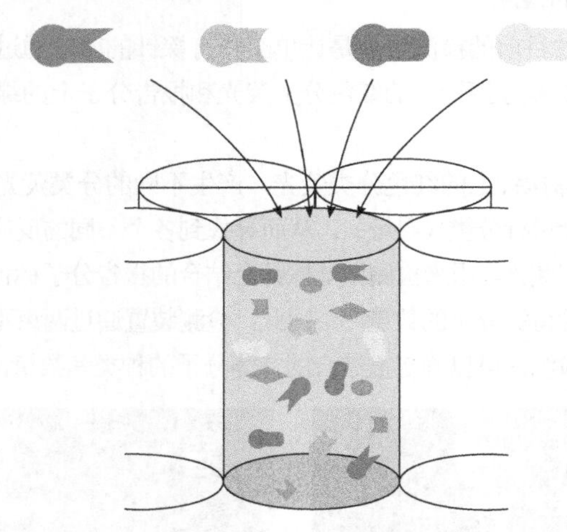

图 4-11　多路复用并行分析示意图

③ 灵活性好　可适用于各种蛋白质分析，可以接受实验室已有的实验方案，使用者可以自行设计分析方案，也可以使用成套试剂盒。

④ 液相环境更有利于保持生物活性。

⑤ 灵敏度高，信噪比好，只需要微量的样品即可进行检测。

⑥ 操作简便，不需洗涤，耗时短。

4.2.4 微球制备

微球是由聚苯乙烯等聚合物制成的大小均匀的圆形小球，直径在 10nm～1000μm 之间。有的微球内还均匀掺入亲磁性物质，称为免疫磁珠（Immunomagetic Bead，IMB，简称磁珠）。磁珠由微球载体和表面的免疫配基结合而成。

微球球体的核心是金属小颗粒（Fe_2O_3、Fe_3O_4），外面包裹着一层高分子材料（如聚苯乙烯、取氯乙烯等），最外层是功能基，如氨基（—NH_2）、羧基（—COOH）、羟基（—OH）。根据微球载体表面的性质不同，微球可以结合不同的免疫配基（如抗体、抗原、DNA、RNA）。磁珠大小和形状的均一性，可使靶细胞迅速和有效地结合到磁珠上；球形结构可以消除与不规则形状粒子有关的非特异性结合；超顺磁性可使磁珠置于磁场时显示其磁性，从磁场移出时，磁性消失，磁珠分散；保护性壳可防止金属粒漏出[43]。

聚苯乙烯免疫磁珠，其粒径分散度、超顺磁性等技术指标如图 4-12 所示。

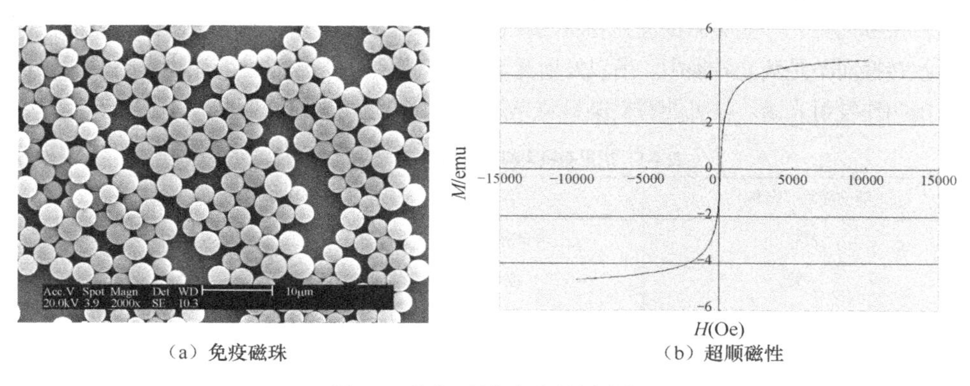

（a）免疫磁珠　　（b）超顺磁性

图 4-12　聚苯乙烯免疫磁珠技术指标

由图 4-12（a）可看出，磁珠粒径分布均匀且粒径为 2μm；从图 4-12（b）的 VSM 测试谱图中可以看出，室温下测得的磁珠具有一条闭合的磁滞曲线，即磁化曲线和退磁曲线重合，且剩磁力和矫顽力在仪器精度允许范围内均为零，而且没有任何磁滞现象出现，即微球表现出超顺磁性。

4.2.5　微球的荧光编码

与固相阵列（Flat-surface Arrays/Flat arrays）通过精确的位置来判断分析类型的方法不同，悬浮阵列通过微球携带的可辨别的编码来区分不同类型的检测组。相关学术文章中描述过多种光谱编码方法[44]，包括一种或多种染色的荧光强度标记、不同类型的荧光量子点标记、红外和拉曼光谱法等。还有用图形编码的，包括采用不同大小和形状的微球、用反光的金属纳米棒图形化、微加工的标签、空间选择性光漂白的微球和稀土掺杂玻璃的微条形码等。这里仅介绍和研究最常见的荧光编码方法。

所谓荧光编码，就是采用荧光物质对微球体基质进行标记，来得到各种独特的色彩分类编码，用以区分微球体基质上携带的不同探针。该过程一般是在微球体合成后，通过荧光染料扩散、诱捕过程或者表面吸附进行，将荧光物质渗透到微球体体内或附着在微球体表面。

荧光编码一般有两种：基于有机染料的荧光编码和基于量子点的荧光编码。在上文原理中提到的荧光编码属于第一种。

4.2.6 基于有机染料的荧光编码

荧光物质吸收符合其波长范围的光能量，其内部低能级的电子会跃迁至较高的能级，但是处在高能级的受激电子状态极其不稳定，会迅速地释放光子并回到基态，这种能量的转换称为荧光，能够激发荧光物质的波长范围称为激发光谱。因为更多的能量消耗在吸收转换而不是荧光转换中，所以发射光波长要高于激发光波长。荧光物质的发射波长范围叫作发射光谱。常见的有机染料荧光素及它们的激发光谱峰值如表 4-1 所示。

表 4-1 常见有机染料荧光素及其激发光谱峰值

英文简写（名称）	中文名称	激发光谱峰值/nm
FITC	异硫氰酸荧光素	488
PE	藻红蛋白	545
PI	碘化丙啶	490
EB	溴化乙啶	480
AO	吖啶橙	490
TRITC	四甲基若丹明	554
Texas Red	得州红	355

利用有机染料对聚合物树脂微球进行荧光编码，主要有两种方式[45]：直接将有机染料小分子装载到微球表面或内部；或者先用染料分子对小粒径（一般为微米量级甚至更小）的多孔微球（如多孔硅等）进行预编码，然后再将这些编码后的多孔微球吸附到大粒径（从几十微米到几百微米）的聚合物树脂微球表面，以实现大粒径微球的荧光编码。如果这些染料分子以不同的浓度比例混合，则可以实现大量微球的编码。

编码的组成包括两个部分：

① 不同染料的发射波长。这是由染料本身的光谱属性决定的，跟微球负载量无关。

② 荧光强度。在一定浓度范围内，其数值正比于微球上负载染料的量。

据估计，利用 6 种有机荧光染料，可以编码多达 4.3×10^9 个分子的肽库。但由于仪器的灵敏度和负载量的波动，往往达不到这个数目。

这种基于有机染料的荧光编码方法，由于其具有较高的灵敏度，在悬浮阵列技术研究的早期就已经被关注，目前已经有商品化产品出售。例如 Luminex 公司开发的筛选平台，将两种分别具有 10 个浓度阶级的红色有机染料分子吸附到聚苯乙烯微球内部，可以产生 100 种可被流式细胞仪准确识别的编码微球。

但是，由于自身工作原理的缺陷，如对激发光波长要求限制很高，并且其发射光谱很宽，不利于种类的区分，该方法基本很难用于编码和解码，而且其发射峰很宽，这就造成了光谱重叠现象，这种现象很难去除，使得在仪器检测的波长范围内，可以编码的数量和种类受到严格的限制；另外，有机染料抗光漂白能力较差，产生的荧光很不稳定，容易淬灭。这些缺点都极大限制了有机染料荧光编码方法的进一步发展。

另外，用于实现流体聚焦的流动室由样品管、鞘液管和喷嘴等组成，常用光学玻璃、石英等透明、稳定的材料制作，同时需要外置泵、阀等控制元件，再加上两种染料的荧光（两种颜色）需要两种激光加以激发，造成设备昂贵、体积较大，数据处理费时等问题。因此，人们开始关注基于量子点的荧光编码方法。

4.2.7　基于量子点的荧光编码

量子点（Quantum Dot）从 20 世纪 70 年代开始就吸引了物理学家、化学家和电子工程师的注意。这种量子点可以把电子锁定在一个非常微小的三维空间内，当有一束光照射上去的时候电子会受到激发，跳跃到更高的能级；当这些电子回到原来较低的能级的时候，会发射出波长一定的光束，而且可以同时观察到多个颜色，因此可用于多种生化样品同步测量。国外将量子点用于生化检测的研究开始较早，而国内尚处在研究的起步阶段[46]。

通常情况下，量子点一般主要由Ⅱ-Ⅳ族构成、也有少部分由Ⅲ-Ⅴ族或Ⅳ-Ⅵ族元素构成，直径很小，一般在 50nm 以下。当前研究较多的量子点，主要包括 CdS、CdSe、CdTe 和 ZnS 等[97-99]。自 1998 年以来，量子点逐步应用于生物医学领域。美国阿肯色大学 Paul Alivisatos[100]、Moungi Bawendi[101]等在高质量亲油性量子点制备方面做出了出色的贡献，美国 Nie Suming 研究小组[102]为量子点的生物医学应用做了开创性的工作。国内武汉大学[103]、吉林大学[104]、中科院[105]、清华大学[106]、北京大学[107]、上海交通大学[108]、复旦大学[109]、华中科技大学[110]等大学和科研院所的一些课题组进行了量子点的制备、修饰和生物应用研究。

量子点编码微球是依据量子点荧光标记技术制备的，现阶段对其检测分析，一般是通过 Luminex 的荧光液相芯片系统、流式细胞仪（Flow Cytometry，FCM）或激光共聚焦扫描显微镜（Laser Scanning Confocal Microscope，LSCM）来进行的。但是不管是 Luminex、FCM 还是 LSCM，其检测的信息均是光信息，即量子点发出的荧光，通过滤色片后被检测区域的光电倍增管检测的荧光强度不带有荧光的任何波长信息，不能通过这些设备对多颜色编码微球进行定量检测，且不易实现多颜色编码微球的解码。为此，必须有专门的检测设备对单个编码微球进行检测分析。

选用目前常用的半导体材料（如锌、硒、镉、硅等）为原料，采用胶体化学等方法，制备出具有稳定核壳结构、能呈现不同荧光（如绿、蓝、黄、橘、红等）颜色的量子点，这样每个量子点都有了一个光谱地址。采用化学方法制备量子点，化学方法又可分为有机相合成（图4-13）和水溶液合成（图4-14）两种。为了提高量子点的荧光效率，通常需要在原量子点的表面上采用表面沉积的方法再沉积一层薄薄的能带间隙较高的化合物（如ZnS、CdS等）。

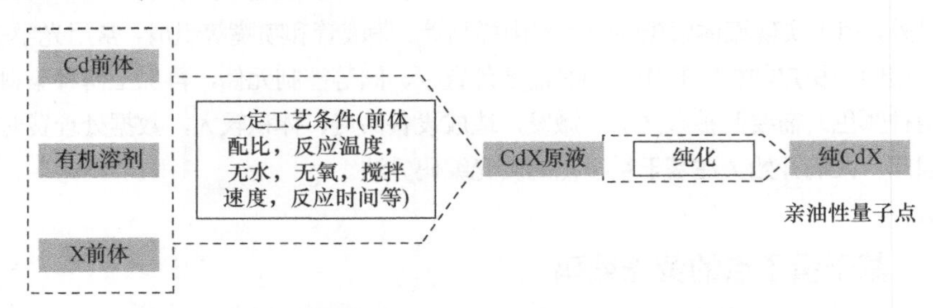

图4-13　有机相合成CdX（X=Se、S、Te等）量子点具体技术路线图

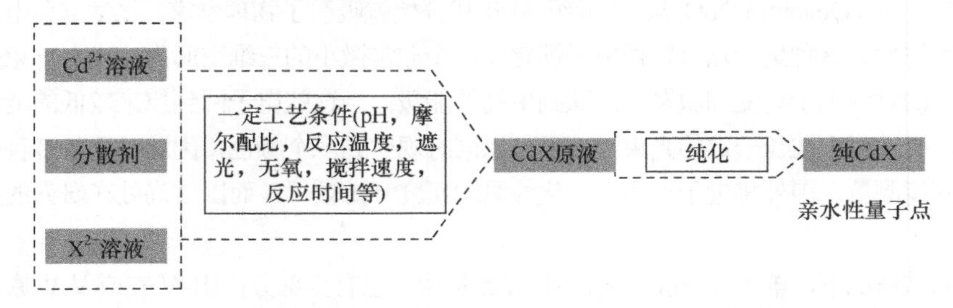

图4-14　水溶液合成CdX（X=Se、S、Te等）量子点具体技术路线

将上述具有稳定核壳结构的量子点，分别与带活性功能基团的材料（如巯基丙酸、聚已二醇、双亲性高分子等）进行反应，采用超声乳化和化学自组装等方法，分别制备出带不同功能基团（如氨基和羧基）的水溶性量子点，并与肿瘤标志物抗体进行化学偶联，经凝胶色谱分离纯化后，制备出量子点标记的生物大分子。采用酶联免疫（ELISA）等方法对量子点标记的生物大分子的活性进行诊断，确定量子点功能化修饰和对生物大分子标记的最佳条件。见图4-14。

因为量子点可以把其周围的电子固定在其周围很小的范围内，当具有一定能量的光照射到量子点时，其中低能级的电子会受到激发而跃迁到更高的能级；受激发的电子的高能级状态不易维持，会逐渐回到低能级的状态，同时会释放出一定波长的光子；光子能量的不同表现为不同颜色的光，而通过检测颜色就能够实现不同样品的快速并行检测，从而大大提高检测的效率，具有很好的市场应用前景。国外对量子点的应用研究开始比较早，而国内在这一方面的研究尚处在起步阶段。2001年，Nie等首次利用量子点对聚苯乙烯树脂微球进行多色荧光编码，并通过 DNA 杂交实验证明了这种技术确实可以推广应用。庞代文等则在量子点荧光微球中引入磁性纳米颗粒，并且将这种微球接上识别分子，以便识别和分离特定细胞[111]。

量子点荧光作为一种新型的荧光标记，发展迅速，大有取代其他荧光的趋势。量子点与传统的荧光剂相比，其光学性质具有突出的优势：

① 量子点具有很宽的激发光谱和较窄的发射光谱。激发光谱宽，很大波长范围内的光均可以将其激发。同时，它的发射光谱很窄，分布范围很小，一般光谱宽在 20～40nm 之间，量子点发射光谱的波长可以通过其尺寸的调整或者内部结构配比的改变来进行选择。

② 量子点具有较大的斯托克斯位移。发射光和激发光的波长差别明显，因此可以避免互相干扰等造成检测方面的不便。

③ 量子点具有强抗光漂白能力。经过长时间的光照射，量子点的荧光强度基本不发生任何衰减。

④ 量子点荧光持续时间很长。相比其他荧光的持续时间，量子点荧光能够维持很长时间，经过一段时间后，其他荧光都已经衰减到很微弱的程度，而量子点的荧光维持依旧，因此可以排除其他荧光灯的干扰。

量子点这种新型纳米材料的光学性能非常强大，为生物分析和医学检测等提供了新的手段，使荧光编码技术逐渐被推广开来。

以氧化镉（CdO）和硒粉（Se）为前驱体，三正辛基氧化磷（TOPO）包裹的硒化镉（CdSe）量子点被成功地制备，如图 4-15 所示为 CdSe 量子点的透射及荧光测试。

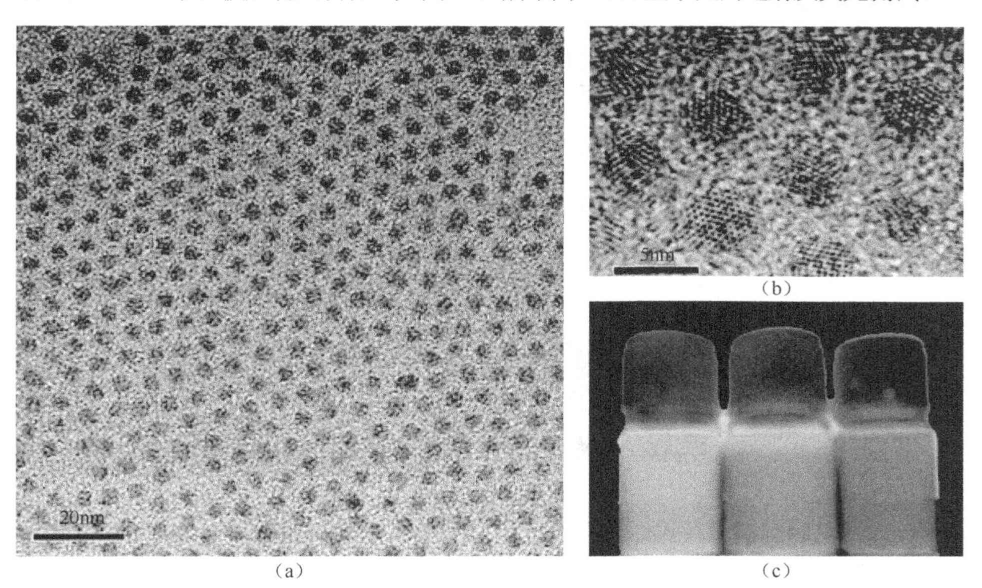

图 4-15　CdSe 量子点的透射及荧光测试

由图4-15可见，CdSe纳米粒子的平均尺寸约为4nm，尺寸分布均匀。图4-15（c）为三种粒径尺寸的硒化镉量子点在紫外灯（λ_{ex}=365nm）照射下所激发的耀眼的荧光。

图4-16为三种粒径尺寸的CdSe量子点分散在氯仿中的紫外吸收光谱与荧光发射光谱。

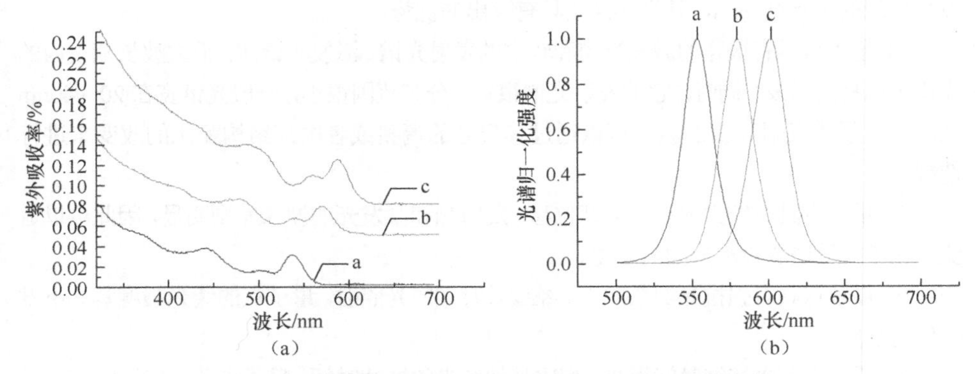

图4-16　三种粒径尺寸CdSe量子点的紫外吸收和荧光发射光谱

以样品c为例，由图4-16（a）所示的样品c的吸收峰位于588nm，计算得来的粒径为4.1nm，与电镜照片所测粒径大小吻合。另外，从图中可见紫外吸收峰较宽，所以量子点的激发波长范围较宽，因而不同粒径的半导体量子点能被单一波长的光激发而发出不同颜色的荧光。图4-16（b）为在470nm激发时三种CdSe量子点分散在氯仿中的荧光发射光谱，从图中可见，发射谱的半峰宽仅有23nm，降低了同时应用此三种CdSe量子点作为荧光探针进行生化检测的光谱串扰。

前文提到的聚苯乙烯微球表面有许多微孔，可以吸纳量子点，进而完成对微球的染色标记。如图4-17所示为微球表面。

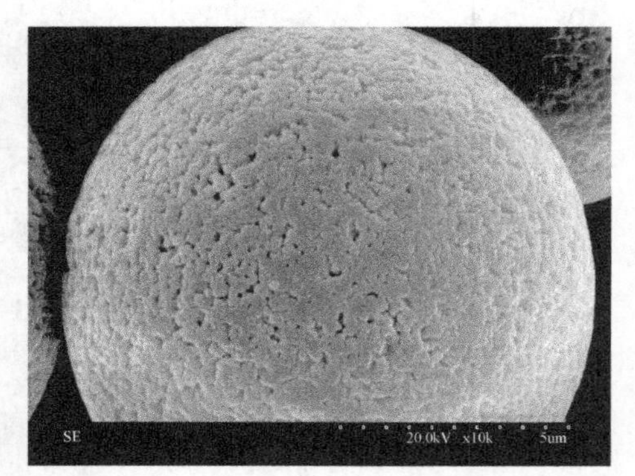

图4-17　微球表面

图4-18为量子点标记后的微球。被不同量子点标记的微球表现为不同的颜色，从而可以对其进行区分。

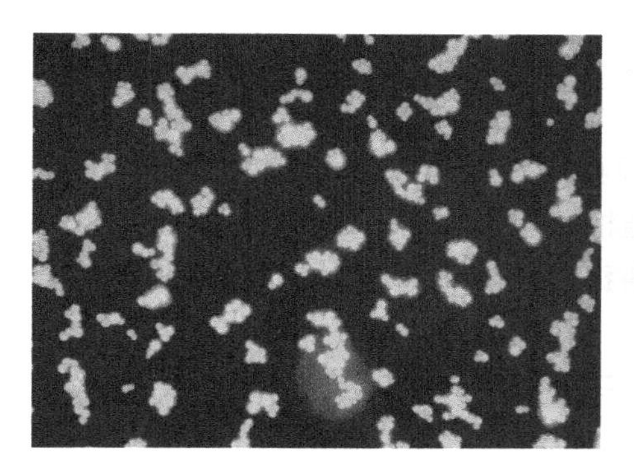
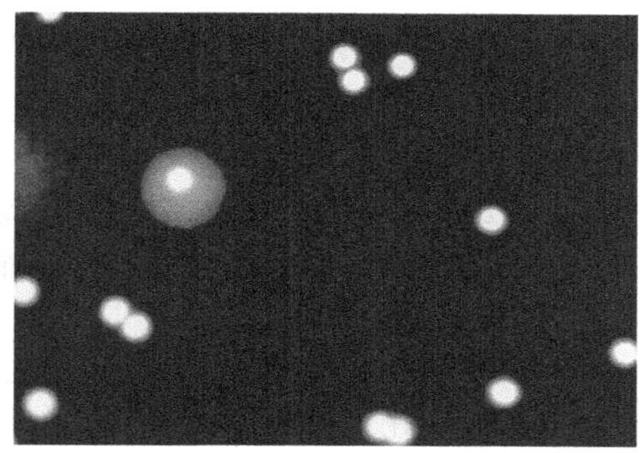

图 4-18　纳米量子荧光标记后的微球

4.2.8　悬浮微球的捕获及捕获阵列的设计

实验中采用的悬浮微球通常是直径在 10nm～1000μm 之间的圆形球体，这种微球一般是由聚苯乙烯等加工制备而成。制作微球时通常要掺入亲磁性的物质，称为免疫磁珠（Immunomagetic Bead，IMB，简称磁珠）。球形的结构具有很大优点，能够消去一些与形状等相关的非特异性结合，且作为载体的微球体可根据自身的情况结合不同的生物元素。

为了提高微球的检测精度，本书设计制备了一种分离-捕获单元芯片，将该捕获单元芯片应用于检测中，就可以将待检测的悬浮液体先离散化后再进行检测。为了能将注入的微球阵列离散化，设计中吸收了微流控芯片结构的特点，一方面让微球能够顺序流入捕获单元中；另一方面采用捕获单元阵列，对流入通道的微球进行捕获。微球捕获的目的在于将捕获了目标标志物的微球复合体束缚住，而其他未捕获的生物物质被一个由微泵驱动的洗涤缓冲液流带走。因此，目标物被纯化且从待测液中分离出来，同时可通入小容量悬浮缓冲液到磁编码微球复合体中实现检测目标物的浓缩。

微球捕获单元芯片微结构及捕获单元如图 4-19 所示。

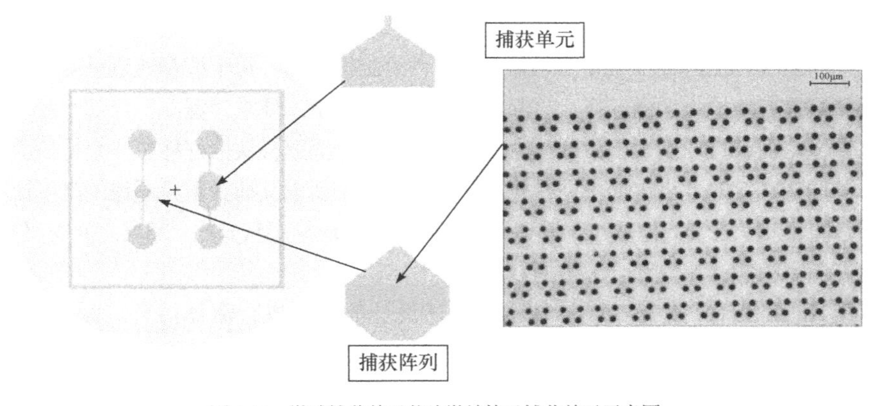

图 4-19　微球捕获单元芯片微结构及捕获单元示意图

芯片微通道中均包含一个捕获单元阵列。其中，较窄的捕获单元阵列中均匀分布着25×10个捕获单元，而宽捕获单元阵列则为5×10个。实验中将微球注入窄通道中，其中，窄捕获单元阵列尺寸为0.75mm×2.290mm，两头与宽100μm的通道相接；宽的尺寸为4.5mm×3.2mm，两头则与宽为300μm的通道相接；通道两端均接有直径为4mm的蓄水池；微芯片整体尺寸为3.2cm×3.2cm，组成捕获单元阵列的圆柱直径均为20μm，制作在2英寸硅片上，如图4-20所示。

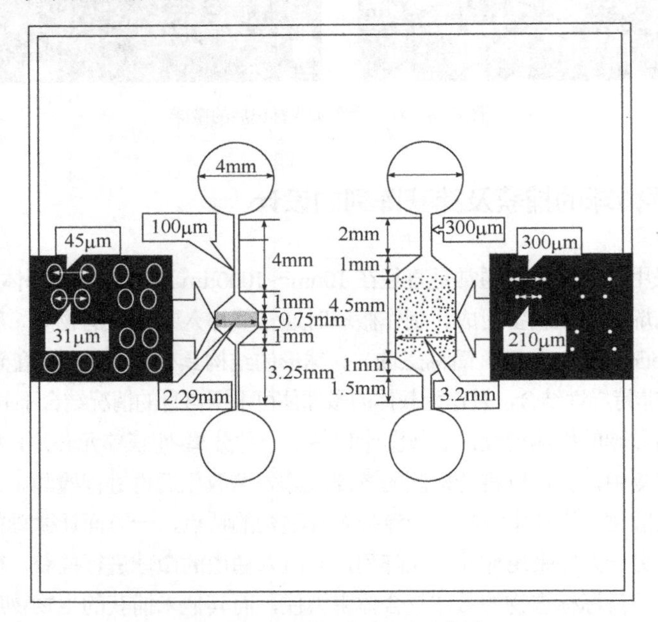

图4-20　捕获单元芯片尺寸示意图

捕获单元芯片可通过捕获悬浮微载体进行离散化，因此它的尺寸要根据待捕获微载体的大小进行设计。图4-21所示为一种捕获单元结构，整个捕获单元是由大量图中所示模块构成的。

图4-21是使用IntelliSuite 3D Builder软件绘制得出的。每个捕获通道呈漏斗状，其作用就是捕获待检测的微载体。“漏斗”具体尺寸如下：要求“漏斗”口部半径小于微载体直径，而其直径则大于微载体直径，以保证每个捕获模块恰好捕获一个待检测微载体，其通道高度的大小也要根据待检测微载体制定，要求其捕获单元通道的高度比检测微载体直径稍大一点，但要小于其2倍直径。捕获模块呈层状分布，每层之间交叉对齐，以保证所有检测微块能够全部被捕获。

用IntelliSuite MEMS设计软件对上述设计的模型进行流体仿真。图4-22是用IntelliSuite 3DBuilder软件绘制的捕获单元模型及其在流体中的速度仿真图，将该流体模块导入IntelliSuite Microfluidic Analysis进行仿真，以测定其流体的速度。

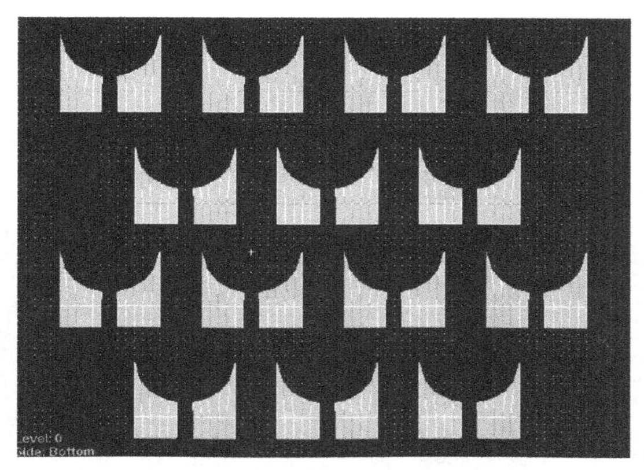

图 4-21　悬浮微球阵列捕获单元结构

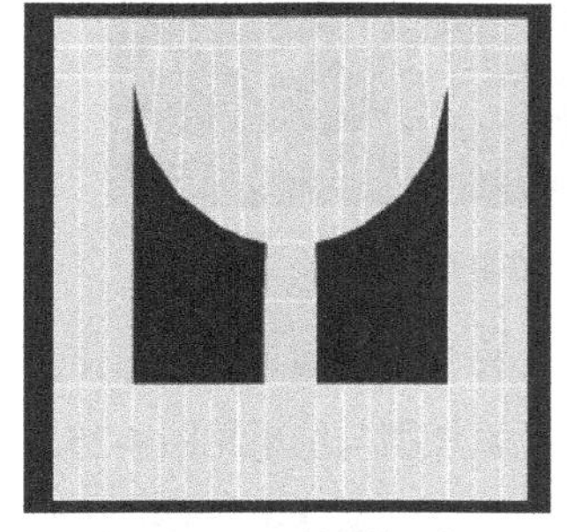

（a）“漏斗”形捕获单元模型

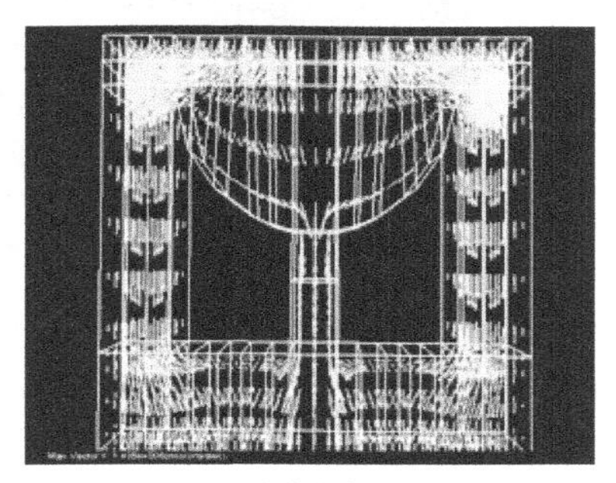

（b）速度仿真结果图

图 4-22　捕获单元模型及其在流体中的速度仿真图

图 4-22（b）中的浅色线表示流体速度的矢量。根据图中浅色线的密度分析比较可知，“漏斗”口中的浅色线密度要明显小于其他直线通道中的浅色线密度，即其中的流体速度要明显小于直线通道中的流体速度。并且下层捕获单元中流体的速度要小于上层捕获单元中的流体速度。

流体中压力仿真结果如图 4-23 所示。

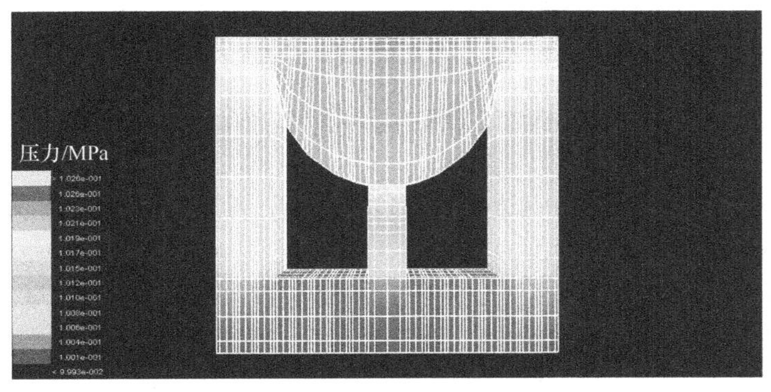

图 4-23　流体中压力仿真图

由图4-23可见，捕获单元口的压力最大而捕获单元底部压力最小，这保证了微载体的捕获。但是这一结构的形状复杂，制备难度较高。

可以采用柱阵列替代上述结构，以柱阵列的有序排布来实现上述思想，如图4-24所示，图形尺寸比例与捕获阵列单元相同。

图4-24 微柱阵列捕获单元

仿真中为了节省时间且不失其仿真结果的真实性，采用两步仿真方式。

首先仿真单独一个圆柱在微流体中的情况。仿真模型与结果见图4-25。

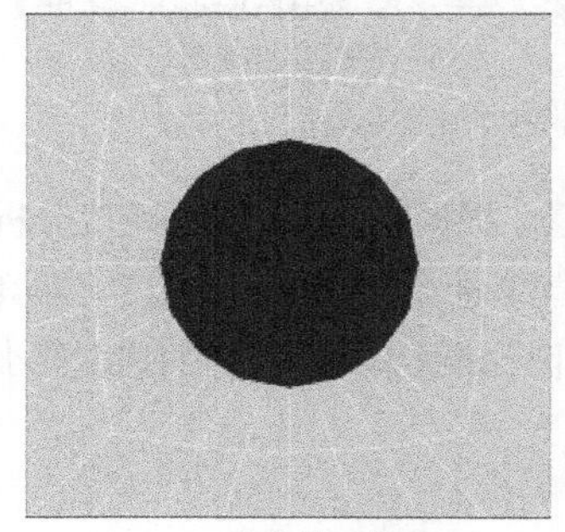

（a）捕获单元模型

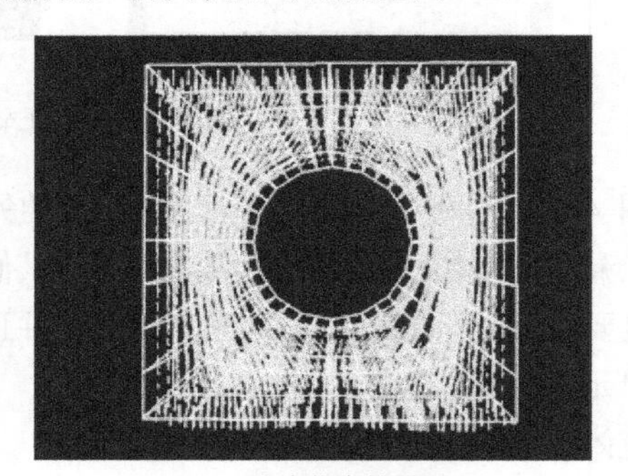

（b）速度仿真结果图

图4-25 微柱模型及其在流体中的速度仿真图

从图4-25中可以看出圆柱边缘处流体流速较快，而远离圆柱区域的流体流速逐渐减慢。

第二步，利用圆柱的外切四边形替代圆柱的位置，得到微块柱阵列捕获单元仿真结果图，如图4-26所示。

由图4-26（b）可见，捕获单元方柱周边的流体速度明显小于其他区域，图4-27所示为微块柱阵列捕获单元微流体的流速截面图。

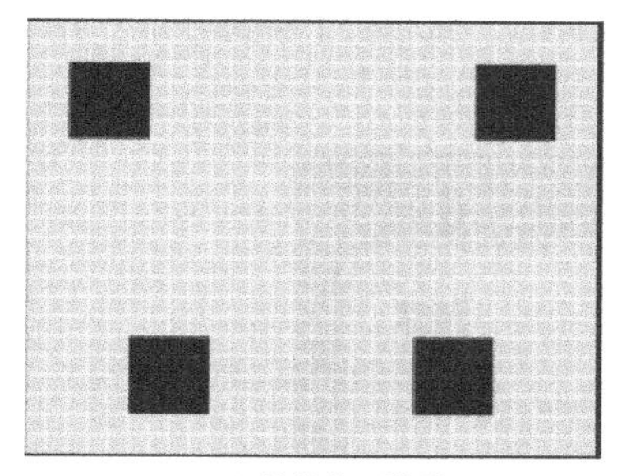

（a）捕获单元模型

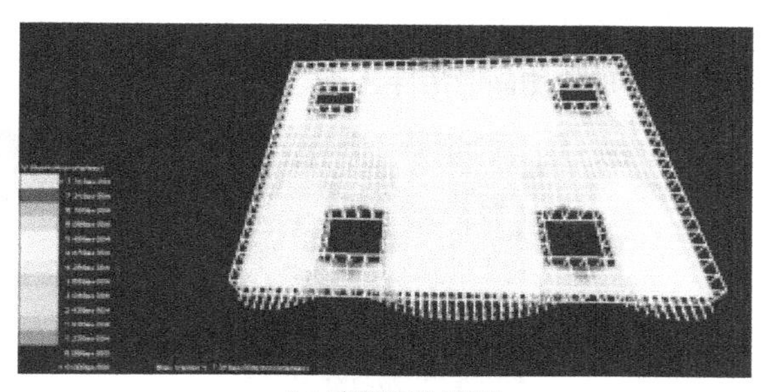

（b）速度仿真结果图

图 4-26　微块柱阵列捕获单元及其在流体中的速度仿真图

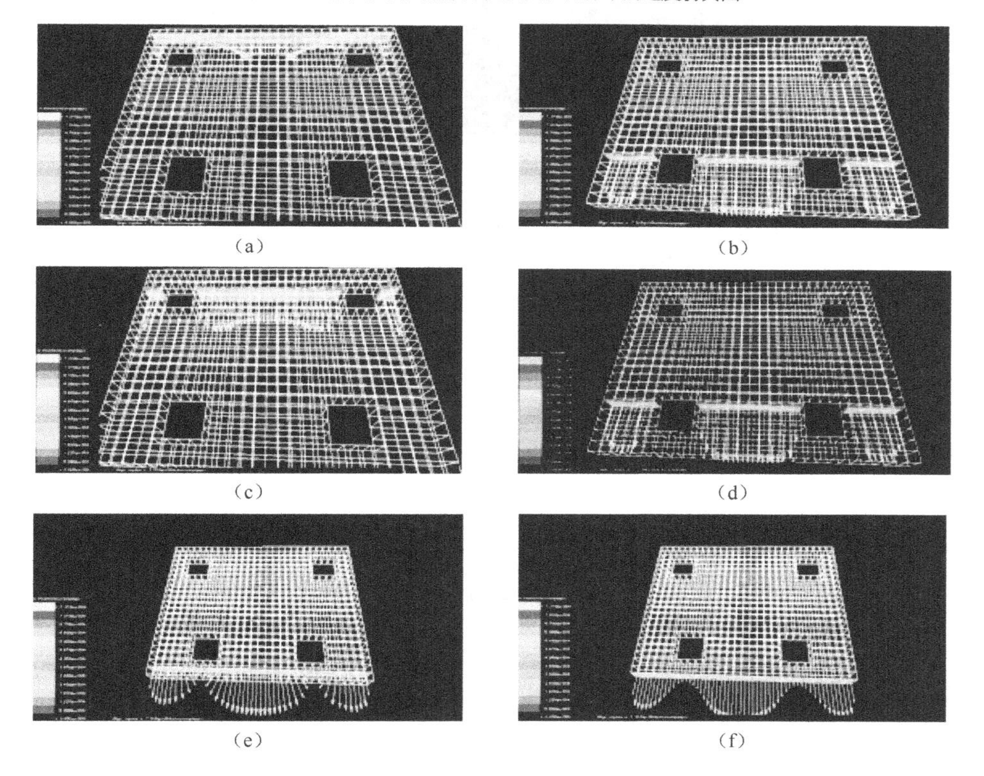

（a）　（b）　（c）　（d）　（e）　（f）

图 4-27　微块柱阵列捕获单元微流体流速截面图

由图 4-27 所示，在进入捕获单元时，流速特别大，较高的流速确保有更多机会捕获微载体；当流体流出捕获单元时，靠近微柱区域的流速几乎为零，因此，微球可以捕获。

图 4-28 为微柱阵列捕获单元的压力分布图，图中压力从捕获单元顶部到底部逐渐减小，这从另一个角度说明了微载体捕获的可行性。

根据前文仿真原理，进入捕获阵列的流体由宽口进入，窄口流出，所携带的大尺寸粒子（微球）会被束缚在捕获单元的底部，如图 4-29 所示，而未被捕获的粒子如量子点等则会被流体冲走，留下待检测的微球。当反向通入液体时，微球粒子会随流体冲出，为下一步的检测创造条件。

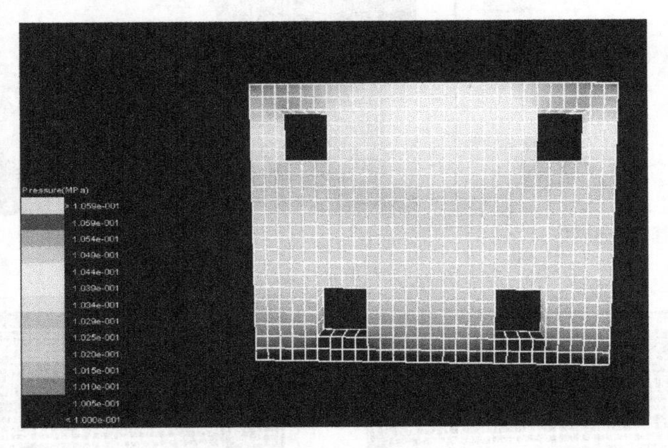

图 4-28　捕获单元压力分布图

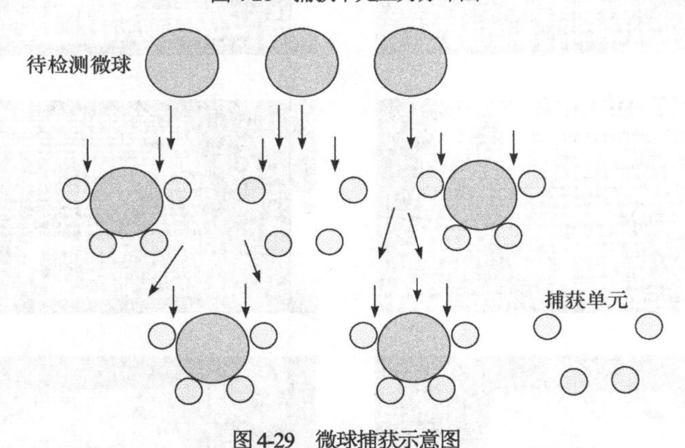

图 4-29　微球捕获示意图

4.3　微流控芯片的应用实验

由流式细胞仪的结构可知，整个实验系统的构成主要包括流体系统和光学检测系统。流体系统提供流体的驱动力，主要包括各种微泵；检测系统负责对待检测物质进行检测，主要包括光学检测系统的搭建等。

（1）流体系统

流体系统主要包括提供驱动力的样品柱塞泵（保定兰格恒流泵有限公司的 Longer Pump）、鞘液柱塞泵（KD scientific 公司）、流体主通道微流控芯片、实验用样品以及流体各部件连接用软管。

图 4-30 为柱塞泵仪器图，主要负责提供鞘液流的驱动力和芯液流驱动力。图中右侧位置驱动两个针筒的是由 KD scientific 公司生产的柱塞泵，它通过针筒后侧的平行滑动板为鞘液提供驱动力。泵中 2 个针管中装的就是鞘液样品，由于微泵的推动方向与两个针筒平行，故两个鞘液的流体驱动力是相同的，这样能更好地保证聚焦流体的形状控制。图中左侧的仪器是 Longer Pump 柱塞泵，它为样品流提供驱动力，它的控制精确度更高，从而更好地保证了实验样品的使用效率。

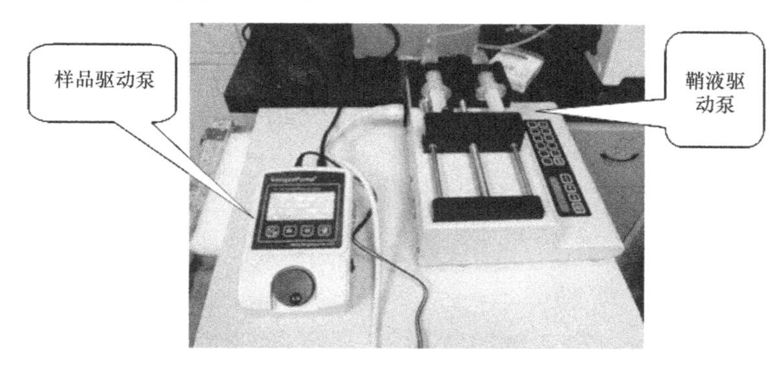

图 4-30　柱塞泵仪器图

图 4-31 是微流控芯片与电子显微镜组成的光学成像系统。显微镜下方正对着的是微流控芯片，它通过软管连接图 4-30 的微泵进行样品注入。图 4-31 左侧的仪器为芯液流推进器，它与 Longer Pump 柱塞泵相连接，并通过柱塞泵控制其中样品的流量。通过计算机可以方便、快捷地透过显微镜，清晰地看到微通道中发生的反应，并随时记录实验效果和实验过程。

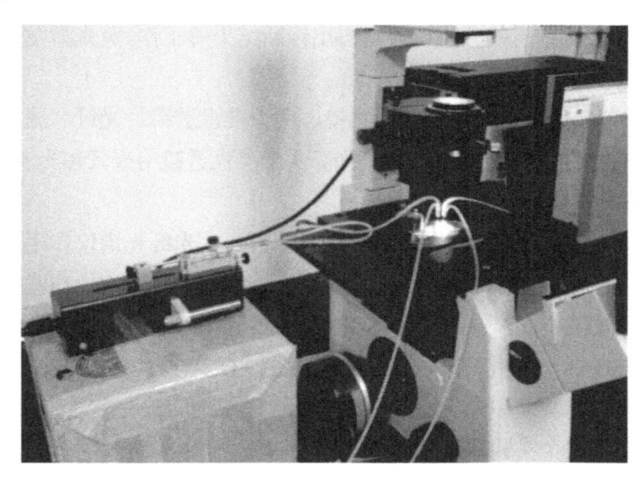

图 4-31　光学成像系统

实验用微流控芯片采用第 3 章工艺流程加工出的微流控芯片，采用 SU-8 胶作为模具，芯片结构参考第 2 章。通过前面所做的各种仿真的结果可以了解到，当芯液流进口端与鞘液流进口端的角度为 60°的时候，聚焦效果最佳。以此为理论依据，采用 60°的微流控芯片对流体的聚焦和待检测悬浮微球进行实物实验。

（2）光学检测系统

如图 4-32 所示，光学检测系统主要由分析工作站、控制装置、荧光激发光源、光学成像装置、荧光信号检测装置、编码微球图像定位与联体容错检测装置等部分组成。

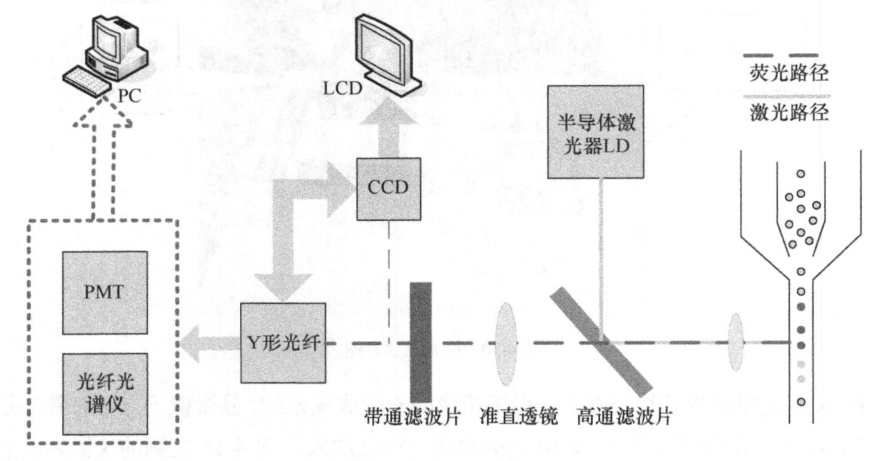

图 4-32　光学检测系统示意图

分析工作站包括计算机及其控制软件，主要完成将量子点编码微球的编码信息录入数据库及编码信息提取、流路的上位机控制、光谱信息的采集与分析、编码微球荧光图像的采集与分析、检测信息的分析计算与得出诊断结果等工作。荧光激发光源使用 405nm 半导体激光器 LD。

光学成像装置包括载物台、镜筒、物镜、两个准直透镜、光纤、滤波片等，主要作用是对被激发出荧光的微球放大成像。此外，两个准直透镜用来聚焦光源以及荧光信号，这将显著提升信号质量。

检测装置包括光纤光谱仪和光电倍增管（PMT）。光纤光谱仪作用是为编码微球解码，光电倍增管主要进行抗体标记物微光检测。编码微球图像定位与联体容错检测装置为 CCD 摄像头。其中，光纤光谱仪、光电倍增管（PMT）、CCD 摄像头、半导体激光器 LD 均通过 USB 线与分析工作站连接。图 4-33 为光学检测系统图。

图 4-34 是将流体驱动和光学检测两部分结合而成的实验完整系统图。

图 4-35 给出了整个实验系统的工作流程图。

进行磁编码微球复合体荧光检测时，启动系统工作站，进入控制分析软件，控制软件启动 CCD 摄像头和控制装置，载有编码微球的样品液作为芯液被运输到流体聚焦单

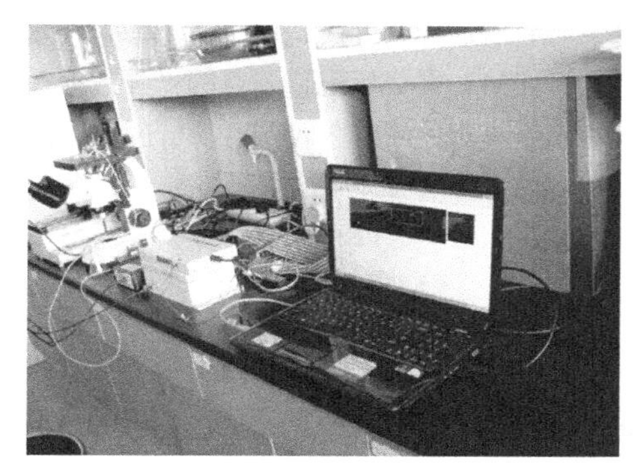

图 4-33　光学检测系统

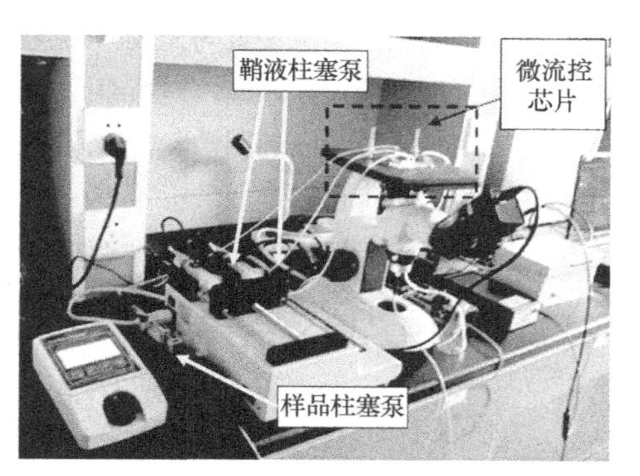

图 4-34　实验完整系统图

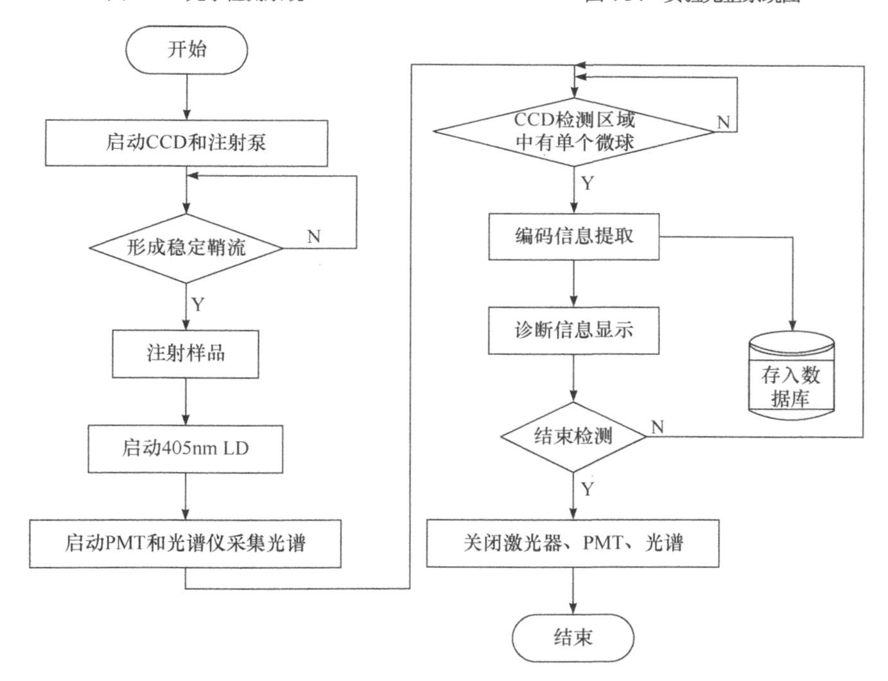

图 4-35　实验系统工作流程图

元，鞘液裹挟着样品流中的磁微球复合体排成单列逐个经过光学检测区。此时，启动激光器、光谱仪和 PMT。激光器发射的 405nm 激光经过半透半反镜后，被物镜聚焦到芯片的芯液待检区域，用来激发编码微球的荧光。当芯液中有微球通过待检区域时，微球中的量子点被激光激发从而产生带有编码信息的荧光，这些荧光通过物镜和反射镜聚焦到 Y 形光纤的端面，再经过 Y 形光纤传输和分配，分别进入光纤光谱仪和 PMT，光谱仪检测编码的荧光光谱，PMT 检测标记物的荧光强度。在此过程中，CCD 摄像头实时监测液相芯片的芯液待检区域，如果微球图像为二连体或其他无效监测，则将此时光谱仪和 PMT 采集的信息设置为无效。如果采集信息有效，控制分析软件从采集的荧光光谱数据中提取峰位置和峰高，判断编码信息，根据 PMT 采集标记量子点的光强数据是否超过阈值，判断诊断的阴性阳性，同时在计算机上直观地统计各种荧光探针的占比，达到生物检测的定性、定量分析。

4.4 检测实验及结果

表 4-2 实验系统参数

样品、流速	带球悬浮液、10μL/h
鞘液、流速	PBS 液、200μL/h
聚焦宽度/μm	约 8
微球粒径/μm	17～30
荧光范围/nm	400～700

表 4-2 给出了实验系统的基本参数。实验所采用的芯液为浓度 24%的有球悬浮液，这种浓度的液体会使得微球能够极大程度地悬浮在芯液中，而且可以随着芯液流运动，微球尺度并不完全相同，最小粒径为 17μm，最大为 30μm。

鞘液为 PBS 液（磷酸盐缓冲液，pH 值为 7.4，主要成分为磷酸氢钠、磷酸二氢钠、氯化钠以及氯化钾），将装有鞘液流的 10ml 注射器放入 KD scientific 公司生产的柱塞泵中。由实验原理可知，两端鞘液流所受到的压力必须大小相同，否则会改变流体聚焦的形貌，使聚焦流体部分偏离聚焦口中心，不利于检测的实施。因此需要先调试柱塞泵，将两个鞘液流的注射器平行置于柱塞泵的推进器中，并保证注射器与泵之间完全接触，从而保证两个注射器受力相同，两个注射器均连接好后，将其接入微流控芯片中。连接泵和芯片的通道为软管，容易受到外界环境的干扰，软管轻微的抖动都会对流体的聚焦效果造成影响，使聚焦偏离，因此实验过程中一定要保证外界环境的稳定。

在鞘液和芯液进入芯片内部后，调节柱塞泵的流量，通过显微镜可以看到流体的聚焦效果并使之达到理想的程度。经过反复试验，当芯液流柱塞泵的流量设定为 10μL/h，鞘液流速设定为 200μL/h 时，聚焦效果很好，可以满足测试的要求。对于不同的检测样品和鞘液，这个比例是不同的，具体需要视情况而定。需要注意的是，因为聚焦效果有迟滞现象，所以在每次对流量进行调整后，聚焦流会发生波动，需要稍作等待，直到微通道中的流体系统达到稳定后，才能进行实验。

图 4-36 所示为用于实验的微流控芯片的聚焦效果图，鞘液流和芯液流之间的通入夹

角为 60°，左侧正对聚焦口的通道为芯液流，上下两侧分别为通入的 PBS（磷酸盐缓冲液）鞘液流通道。

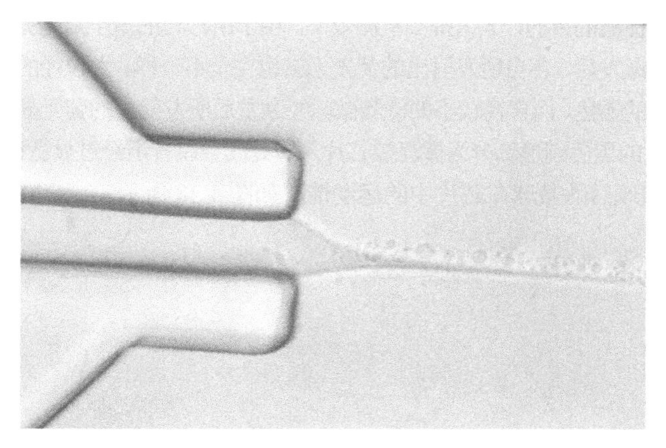

图 4-36　聚焦效果图

图 4-36 中可以看到，图中三股流体聚集交汇的地方出现了流体的聚焦，且聚焦现象十分明显，在流体中间交汇处生成一个样品流三角形状区域，说明样品流在此处发生仿真中的形变，由宽变细，直到形成一条稳定的聚焦线。聚焦流的后侧稳定、平直、狭窄，便于下一步过程中悬浮液的微球单通、光学检测。

对芯液流入口施加压力后，静止状态的微球渐渐随液体的运动变得分散开来，并且逐渐进入芯液流通道的入口位置。在芯液流入口施加紫外光后得到的荧光图像如图 4-37 所示。

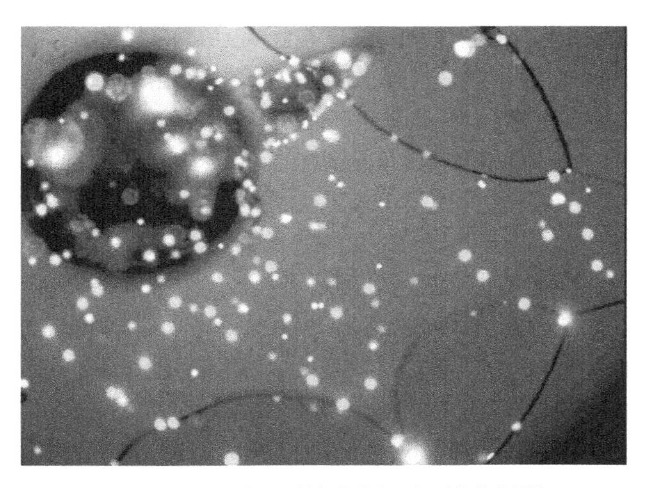

图 4-37　在芯液流入口施加紫外光后得到的荧光图像

从图 4-37 中还可以清晰地观察到，在芯液流的通道入口处存在大小两种不同粒径的待测微球，体积较小的待测微球的直径为 17μm，体积较大的待测微球的直径为 30μm，它们分别标记了不同的纳米量子点，从而对不同的待检测物质进行有效区分，进而达到多种标记物并行检测的目的，大大提高检测效率。由于所标记的量子点是完全不一样的，所以经过紫外光的激发后，各自所发射出的荧光光谱也完全不一样。大粒径的微球所发出的荧光呈现蓝色偏绿的颜色，而直径较小的待测微球经激发后所发射出的荧光显橙色偏棕色的颜色。图 4-37 中大的黑色圆形部分为微流控芯片入口处的金属管道经过显微镜放大后的图像。

通入检测微球后的微球在芯片中的运动情况如图 4-38 所示。

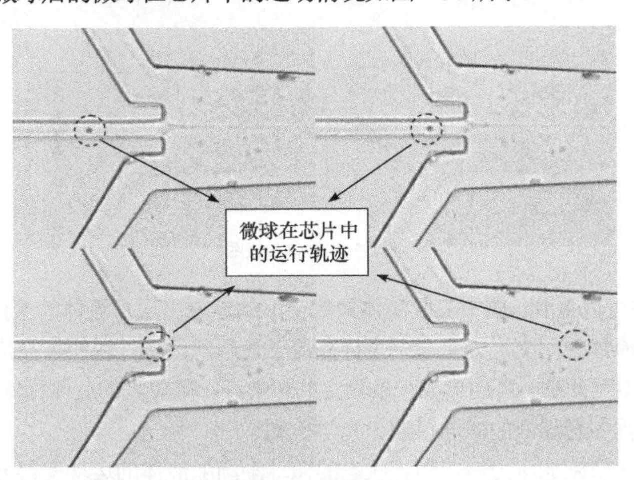

图 4-38　通入检测微球后的微球在芯片中的运动情况

图 4-38 中圆框内的黑点为光学检测时需要捕捉的含有量子点的待检测微球。通过前后图像的比对可以看出，在通入待检测微球的悬浮液后，聚焦流的形状并没有发生大的变化，依然是经过形变后一条稳定的聚焦流体线。图中给出了微球在芯片内部的运行轨迹，可以看出，进入聚焦前微球是匀速运动，轨迹很平缓，当进入聚焦后速度迅速提升，这与前一章中计算所得的聚焦流体速度是吻合的。微球随着样品流的流动，在鞘液流体的约束下聚焦并实现单列通过，由于其悬浮在样品流体中，所以它的运行轨迹会随着聚焦流的变化而相应运动。当两侧鞘液不发生变化时，微球正好处于微通道的中间位置，从而为后续的荧光检测等提供了便利的条件。

图 4-39 为微通道在通入不同待检测微球后在紫外光激发下的单通效果图。

图 4-39 中的浅色区域为微通道区，深色区域为背景，微通道中的黑线为聚焦线，聚焦形状与图 4-38 一致。图 4-39 中两个连续通过的微球粒子的粒径不同，所发出的荧光颜色也不同，它们随流体的聚焦而单列通过。这种光信号的读出从侧面可以证明，该芯片有很好的高速并行检测能力。

图 4-40 为不同波长量子点的荧光信号检测结果，可以看出不同波长的量子点的光谱区别明显，可以轻易区别并计数，从而为微流控芯片的快速检测打下基础。

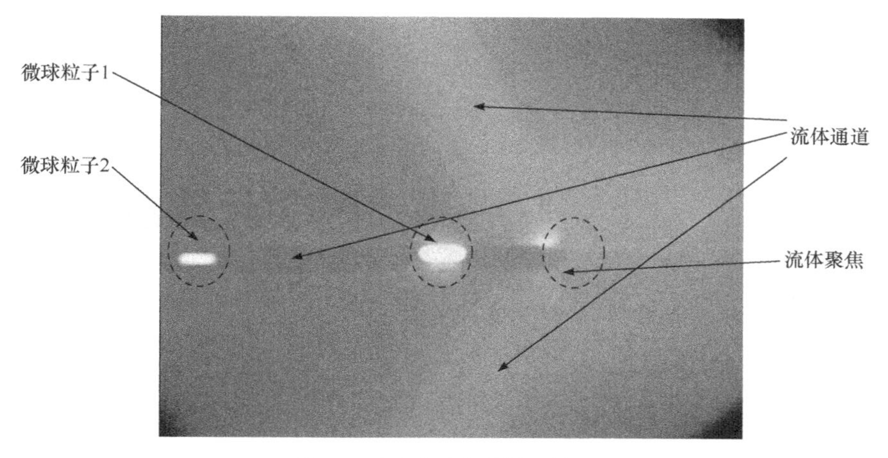

图 4-39 紫外光激发下的单通效果

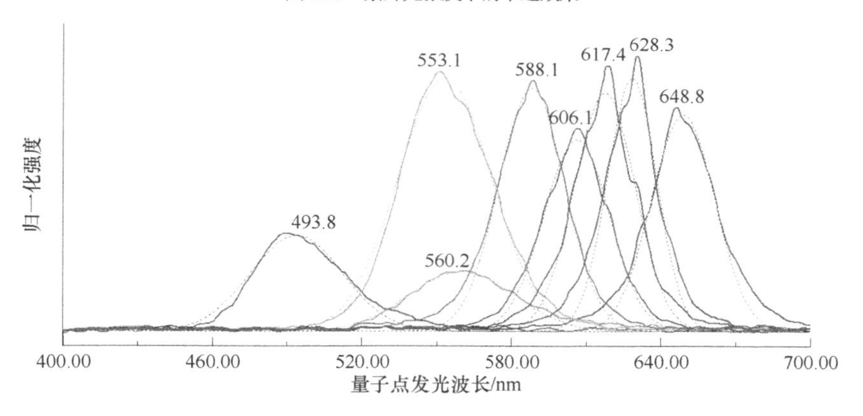

图 4-40 不同波长量子点的荧光信号检测结果

4.5 本章小结

本章主要研究了基于流式细胞技术的微流控芯片的应用，描述了悬浮阵列芯片的原理，以及对荧光编码悬浮微球进行了研究。构建了基于荧光编码悬浮微球的微流体测试系统，采用外接微泵作为流体的驱动力，从而实现其在显微镜下的清晰聚焦，并实现了待检测微球的单列通过，为该器件在免疫检测等方面的应用打下坚实的基础。

第5章

微流控芯片集成元件的研究

对于微流控来说，仅仅对微通道进行加工是远远不够的，还需要有流体控制单元的加工，这样才能满足流体控制多样化、芯片功能多元化的要求，使其成为真正意义上的“实验室”。对于生物化学分析和生物免疫检测来说，使通道中的流体能够按照操作者的意愿进行流动，可以大幅减少实验中用于清洗、混合等操作的时间，提高实验的效率。

微流体控制单元主要包括微泵、微阀和微流量计等。微泵的作用在于提供流体的驱动力，而且目前市场上提供的微泵种类很多，可以通过外接的方式来实现其功能，所以这方面的需求并不迫切。而对于微流量计和微阀来说，它们的功能是用来监测流体运行状态和控制流体通断的，相当于电路中的安培计和开关。流体控制的程度和实验的自动化程度均与它们相关，因此本书就热式 MEMS 微流量计和热膨胀型微阀的设计展开研究。它们都是基于片上集成的加热系统来实现功能的，可以集成到微流控芯片中，丰富其功能。

5.1 热学模型

芯片上的器件都是采用电阻加热的，将器件结构简化为线性结构有利于计算和分析。加热电阻上的温度分布由一般差异因素 dz 的热耗平衡决定。它的各部分构成了热源与散热器。电阻通电用来产生焦耳热，发热量为 q_{Joule}，形成了热源，其散热机制主要包括固体传热、对流传热和辐射传热，见图 5-1。

q_{Solid} 描述了由电阻线到基底的传导热功耗率。与集成电路中的一般情况不同，q_{Solid} 在这种结构中能够被热绝缘有效降低。如果将衬底移除，那就意味着电阻线的上方和下方很大一部分热传导机构会消失，这将导致结构工作在很低的功率下（几毫瓦），并且热响应时间也将变得非常小（几毫秒）。

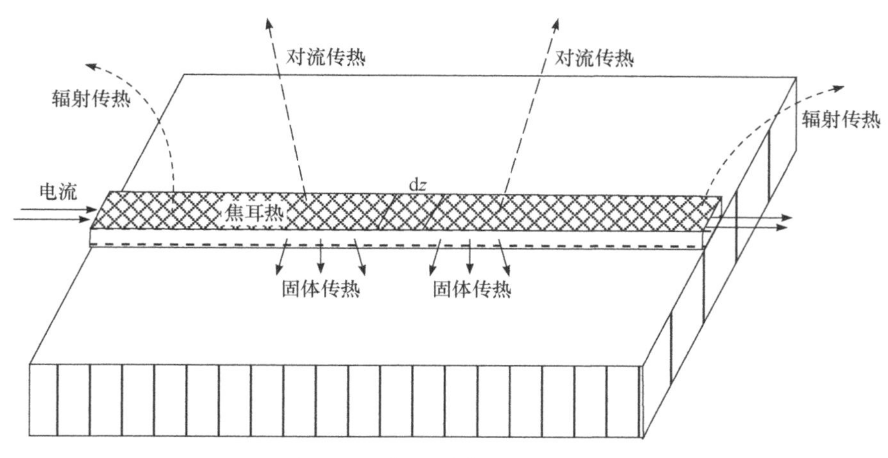

图 5-1 加热电阻的发热和散热机制

q_{Conv} 描述了强制对流和自由对流传热率。强制对流发生在流体束中，而自由对流则发生在由内部浮力产生的流体运动中。这种浮力来自流体内部温差造成的密度差异。

q_{Rad} 表示辐射热耗率。对于标准温度和压力的环境以及不是很高的电阻线温度，该参数非常小，所以之后的内容中可以将其忽略。

因此，关于 dz 的热效率等式为：

$$q_{Joule}=q_{Solid}+q_{Fluid}+q_{Conv}+q_{Rad} \tag{5-1}$$

其中每个参数都与 dz 有关。为了简化理论，假设电阻线仅由同种单一材料构成。为了简便，用“e”代表上述材料。

电阻线稳态条件下，体积热生成由下式得到：

$$q=J^2\rho_e(T_e)+T_e\cdot J\cdot\nabla s(T_e) \tag{5-2}$$

其中，$\rho_e(T_e)$ 和 $s(T_e)$ 分别表示与温度有关的电阻率与泽贝克系数。

泽贝克系数决定了温差下的电导以及电势差下的热传递。

式（5-2）右边第一项与焦耳生热（不可逆）有关，第二项表示珀尔帖与汤姆逊热生成（可逆）。珀尔帖生热描述了不同泽贝克系数的表面材料中的电流生热；汤姆逊生热描述了温度差形成的电流热，它只在泽贝克系数受温度影响明显时才比较重要，右边两项的数量级差为 10^3，因此可以忽略第二项。同时，假设电阻线电流为恒定值并忽略式（5-2）中的电传递项。

综合以上条件并代入式（5-2），可由式（5-3）得到焦耳生热率：

$$q_{Joule}=\frac{I^2\rho_e(T_e)}{A_e\mathrm{d}z}\mathrm{d}z \tag{5-3}$$

其中：

$$\rho_e(T_e)=\rho_e(T_a)[1+\alpha\Delta T(z)] \tag{5-4}$$

$$\Delta T(z)=T_e(z)-T_a \tag{5-5}$$

由微分形式的傅里叶热传导定律可以得到传导热传递率：

$$q_{\text{Solid}}=-A_e K_e\frac{\mathrm{d}^2 T_e}{\mathrm{d}z^2}\mathrm{d}z \tag{5-6}$$

为了计算 q_{Fluid}，必须解滞留流体的热传导方程：

$$\frac{\partial^2 T_f}{\partial x^2}+\frac{\partial^2 T_f}{\partial y^2}+\frac{\partial^2 T_f}{\partial z^2}=0 \tag{5-7}$$

式（5-7）的边界条件为狄利克雷型，包括微分单元的 T_a 和 T_e。

近似求解 q_{Fluid}：

$$q_{\text{Fluid}}=G(z)K_f\Delta T(z)\mathrm{d}z \tag{5-8}$$

管内流速给定时，只有电阻线附近的流体会被加热，同时在传感器上形成一个热边界层。该边界层的厚度随着流速的增加而减小，而热传递则随着流速线性增长。在均匀流速条件下，由式（5-9）计算差分元素引起的强制对流传热率：

$$q_{\text{Conv}}=2\omega\mathrm{d}zh_\omega[T_e(z)-T_a] \tag{5-9}$$

其中，h_ω 为差分元素末端的局部对流热传递系数。通过黏性摩擦产生的机械能耗散效应被忽略。

大多数微结构中辐射热传递在标准大气压下相比其他构成要弱得多。由于通常情况下 $q_{\text{Rad}}/q_{\text{Joule}}<5.5\%$，实际值可能略小，故辐射热传递在随后的分析中可以忽略。

由此总结得到，沿着电阻线的温度差由式（5-10）可变系数二阶偏微分方程给出：

$$\Delta T_{zz}=\frac{\Delta T}{A_e K_e}\left\{\frac{I^2\rho_e\alpha}{A_e}-G(z)K_f-2C\left[\frac{u(z)\omega}{\gamma}\right]^{\alpha}Pr^b K_f\right\}+\frac{I^2\rho_e}{A_e^2 K_e} \tag{5-10}$$

式中，$G(z)$为无量纲形状因数，α、b、C 等为常数，ρ_e 为电阻率，K_e 为热导率，Pr 为普朗特数。

5.2 应用于微流控芯片的微流量计

第一种基于硅技术的流量传感器在 1974 年由 van Putten 和 Middelhoek 提出，其中流体在传感器外部附近流动。之后，研究者相继提出了多种用于流量测量的热式传感器。20 世纪 90 年代，集成微流体系统（微流量传感器、微泵以及微阀集成为一个系统）成为发展的潮流。一种新型的、集成有微管道的微机电流量传感器便应运而生，这种传感器最早由 Petersen 在 1985 年提出。

随着科学技术的发展，以 MEMS（Micro-electromechanical Systems，微电子机械系统）传感器芯片为核心技术的流量计出现了。MEMS 技术是指在芯片大小的范围内，采用现代加工工艺和材料生长及合成技术制造具有机械、电子及其他物理特性的微系统。这种流量计不仅可以应用于气体测量，也可以用于液体的测量，它被用于高精度微流控系统的开发。

热式 MEMS 流量计的结构如图 5-2 所示，两个热探测器呈对称分布在两侧，分别位于流体流向的上游和下游，加热器通电后，两个探测器在空间热场的作用下温度相同。当通过流体后，热场发生偏移，下游温度升高而上游温度下降，根据这个原理，流量计通过监测两侧传感器温度差的变化来实现对流体流量的读出。目前市场上的 MEMS 热式流量计大多是单加热器结构，采用硅材料做基底，用铂等金属材料加工出加热器和热敏传感器，通过掩膜溅射等工艺加工出加热器和探测器，最后通过腐蚀背腔完成器件的制备。

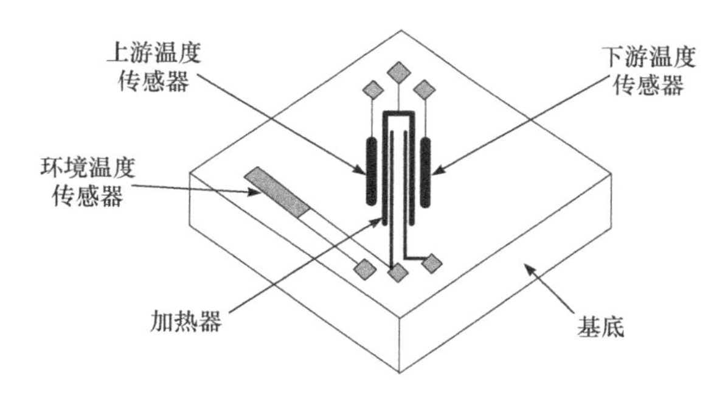

图 5-2 热式 MEMS 流量计结构

这种结构的流量计功耗较大，探测范围较小，且无法兼容微流控芯片。因此，本书对上述结构进行了改进，采用双加热器三探测器结构，提高探测范围，采用玻璃作为基底，铜材料做加热和探测单元。在不影响器件使用的前提下，成本上大大降低，提高了器件的探测范围，而且兼容微流控系统，丰富了功能。

5.2.1 流量计的仿真

加热器和探测器都采用了蛇形线圈结构，加热器的整体尺寸是 100μm×100μm，探测器的尺寸是 200μm×100μm，线宽为 10μm，厚度为 0.1μm，加热器距离探测器 100μm。当加热器与探测器距离约等于其整体宽度时获得最大的探测灵敏度。

这里使用材料最主要的不同在于加热器金属薄膜的选择，表 5-1 中列出了常用金属材料的各项相关参数。

表 5-1　仿真各材料参数

材料	热导率 /[W/（cm・℃）]	热容量 /[J/（g・℃）]	线胀系数 /（10^{-6}/℃）	密度 /（g/cm^3）	电阻率 /（Ω・cm）	弹性模量 /GPa
Cu	2.70	0.39	16.8	8.92	$1.75e^{-6}$	122.5
Pt	3.99	0.13	9.0	21.45	$2.22e^{-5}$	146.9
Al	0.71	0.88	25.0	2.7	$4.80e^{-5}$	68.85
Au	3.242	0.26	14.1	19.28	$2.40e^{-6}$	74.48

（1）电热仿真

对不同材料的加热器，两端施加电压，电势差为 0.2V，环境温度统一设定为 25℃，进行仿真，仿真结果如图 5-3。

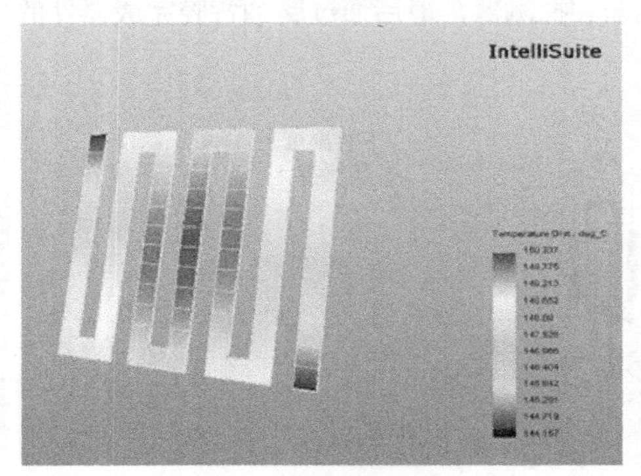

（a）Cu 材料的温度分布

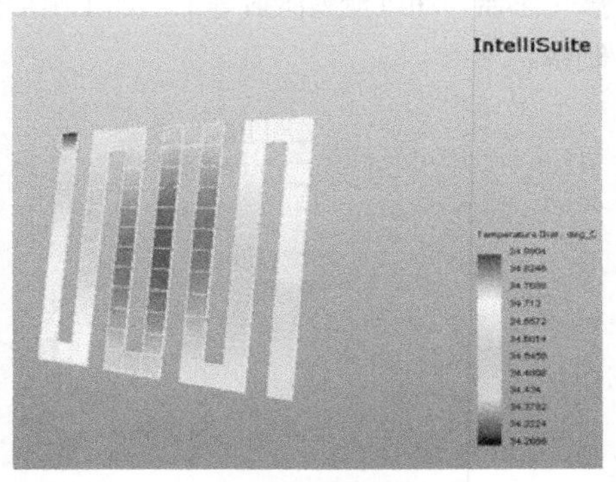

（b）Pt 材料的温度分布

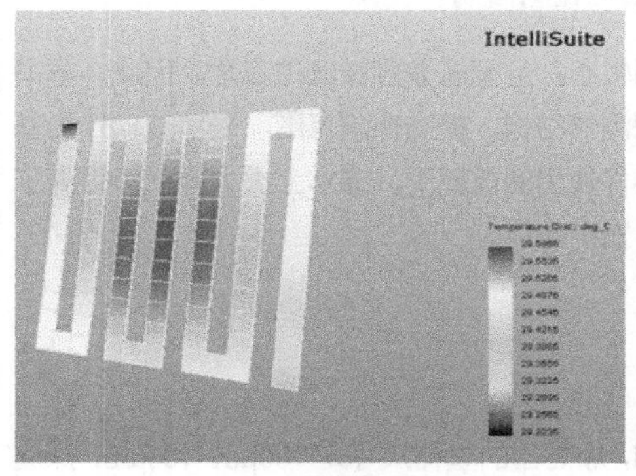

（c）Al 的温度分布

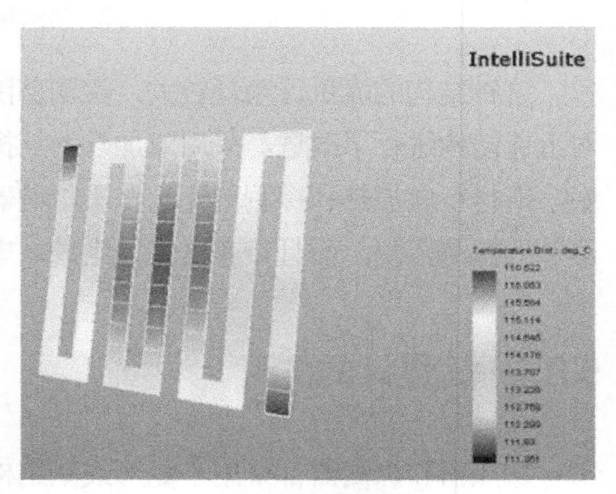

（d）Au 的温度分布

图 5-3　不同金属材料的电热仿真结果

从各材料在电热仿真中的温度分布表现来看，由于 Cu 和 Au 的电阻率小，相同条件下，电阻小，所以在相同电压下的温度更高，对于电压输入的变化更敏感。从温度的分布来看，Cu 和 Au 加热器由高电势到低电势的温度差都比较大，而对于 Al 和 Pt，加热器整体的温度几乎是均匀的，并且在相同的电压下只能升高很小的温度，实际应用中所消耗的功率也更大。电热仿真的目的是为了考察各材料的发热效率，相同情况下，发热的大小取决于电阻，所以从电热仿真的结果来看，Cu 和 Au 的表现更好。

（2）热流仿真

热流仿真是在金属结构上不加其他外界条件的情况下，施加一定大小的热流，考察该结构的热响应效果，仿真的目的是为了能够获得更好的温度传感器。

该仿真中，金属薄膜厚度为 0.1μm，线宽分别为 5μm 和 10μm，所用材料仍为 Cu、Al、Pt、Au 四种。经过仿真测定，在热流载荷为 0.8×10^{-6}W/cm^2 时的温度为 100℃左右，比较接近期望温度。在图 5-4 的仿真结果中，主要给出 0.8×10^{-6}W/cm^2 热流载荷的仿真结果作为对比。其余情况将在之后的表格及曲线中表现。这里以加热器的线宽为准分为两类进行对比分析：

四种材料中，Pt 的性能与其他三种材料明显不同。在相同的热流下，Pt 的温度不仅是最大的，而且从温度分布上来看，Pt 的整体温度也较为均一，大部分面积上的温度趋近最大值。很明显，这是 Pt 本身的低热容量以及高热导率形成的结果。

四种材料的仿真结果粗略统计如表 5-2 和表 5-3 所示。

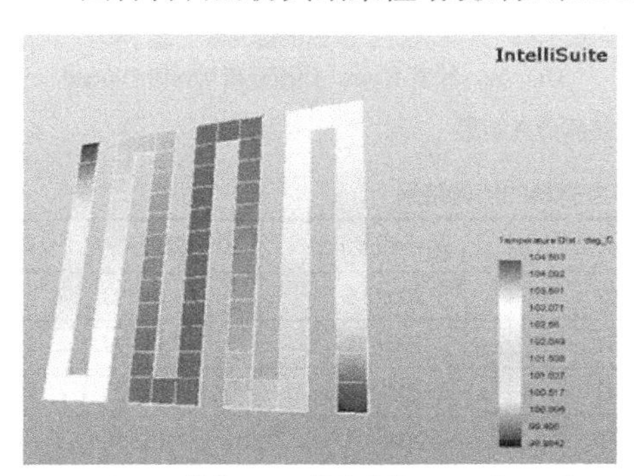

（a）Cu，线宽 5μm，热流载荷 0.8×10^{-6}W/cm^2

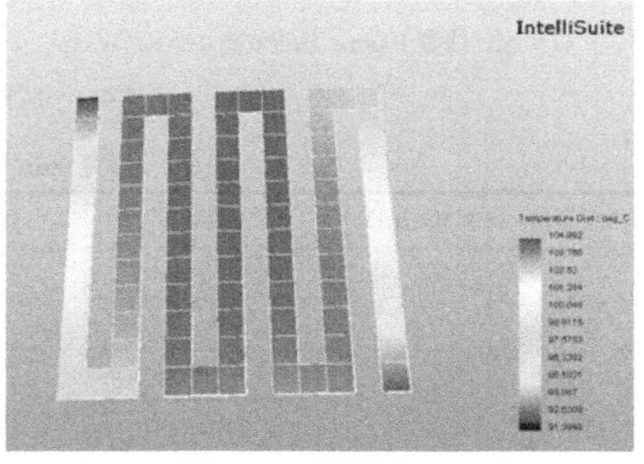

（b）Pt，线宽 5μm，热流载荷 0.8×10^{-6}W/cm^2

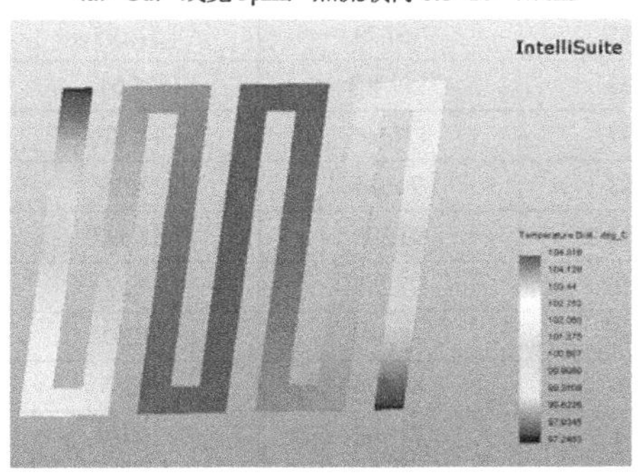

（c）Al，线宽 5μm，热流载荷 0.8×10^{-6}W/cm^2

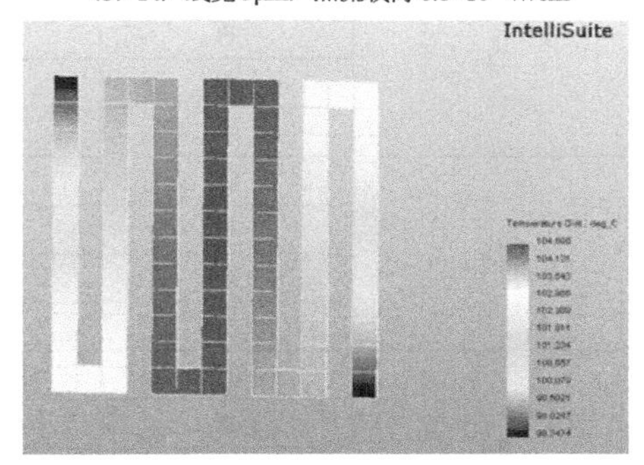

（d）Au，线宽 5μm，热流载荷 0.8×10^{-6}W/cm^2

图 5-4

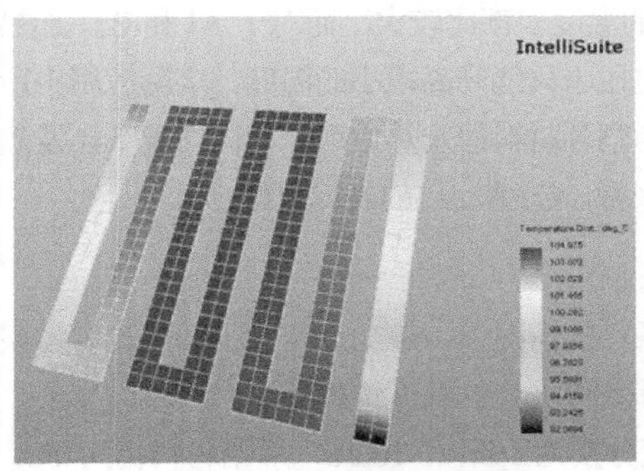

（e）Cu，线宽 10μm，热流载荷 0.8×10^{-6}W/cm^2

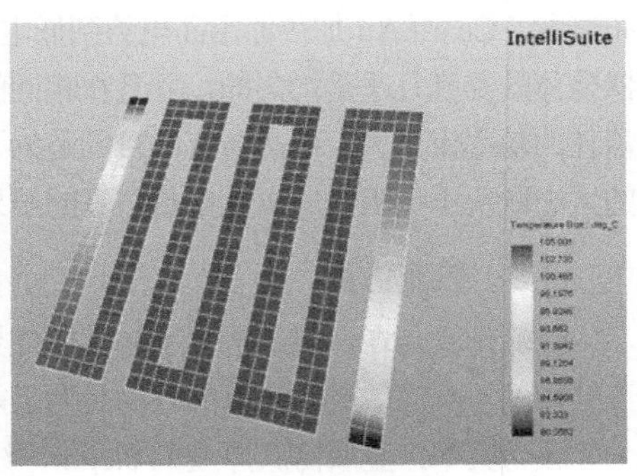

（f）Pt，线宽 10μm，热流载荷 0.8×10^{-6}W/cm^2

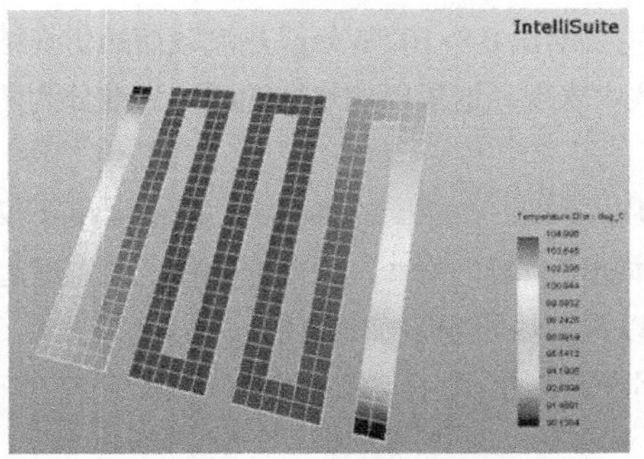

（g）Al，线宽 10μm，热流载荷 0.8×10^{-6}W/cm^2

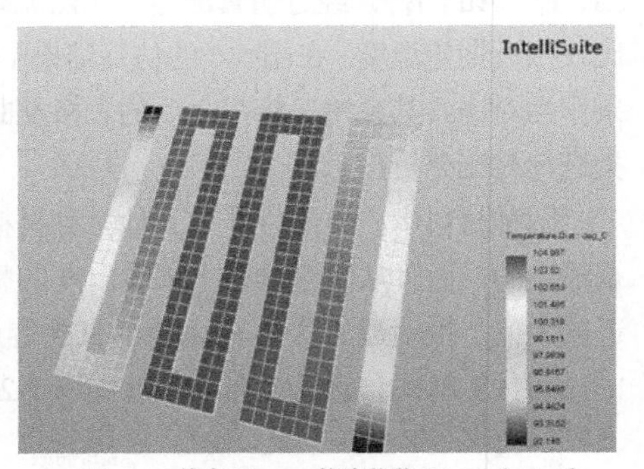

（h）Au，线宽 10μm，热流载荷 0.8×10^{-6}W/cm^2

图 5-4　不同材料的热流仿真结果

表 5-2　线宽 5μm 情况下各材料的仿真结果

热流载荷/（10^{-6}W/cm^2）	材料	最大温度/℃	最小温度/℃	温度差/℃
2.0	Cu	224.009	205.616	18.393
	Pt	224.981	190.987	33.994
	Al	224.541	205.616	18.925
	Au	224.246	208.308	15.938
1.6	Cu	184.207	172.968	11.239
	Pt	184.985	157.79	27.195
	Al	184.533	159.493	25.04
	Au	184.397	171.695	12.702
0.8	Cu	104.603	98.984	5.619
	Pt	104.992	91.395	13.597
	Al	104.816	97.246	7.57
	Au	104.698	98.347	6.351
0.6	Cu	84.703	80.438	4.265
	Pt	84.904	74.796	10.108
	Al	84.862	79.185	5.677
	Au	84.774	80.01	4.764

表 5-3　线宽 10μm 情况下各材料的仿真结果

热流载荷/（10^{-6}W/cm^2）	材料	最大温度/℃	最小温度/℃	温度差/℃
2.0	Cu	224.937	192.674	32.263
	Pt	225.003	162.638	62.365
	Al	224.99	187.846	37.144
	Au	224.967	192.87	32.097
1.6	Cu	184.95	159.139	25.811
	Pt	185.002	135.11	49.892
	Al	184.992	155.277	29.715
	Au	184.974	135.11	49.864
0.8	Cu	104.975	92.009	12.966
	Pt	105.001	80.055	24.946
	Al	104.996	90.138	14.858
	Au	104.987	92.148	12.839
0.6	Cu	84.901	75.302	9.599
	Pt	85.001	65.291	19.71
	Al	84.997	73.854	11.143
	Au	84.99	75.361	9.629

（3）流体仿真

在实际应用中，MEMS 流量传感器处在有流体流动或者没有流体流动的环境中，在这两种情况下，管道升温的程度与流速有直接联系，所以这里考虑了流体静止的温度分布情况以及三种不同流速下的流体温度分布情况。

图 5-5 给出了在底面加热、左侧面施加流体的情况下，不同流速下流体温度的分布情况。当流体流速为 0 时，如图 5-5（a）所示，由于流体没有横向流动，所以热源的热量无法随着流体流失，到达稳态时会形成最大温度较高的对称温度场，上下游两个温度传感器附近的温度相同，根据热分布式 MEMS 流量传感器工作原理（利用两个温度传感器温度差测量流量），此时测量的流速也为 0，并不受环境温度影响。当流体流动时，如图 5-5（b）所示，温度场形成明显的温度梯度，热量随着流体的流动被带走，并且下游的温度明显高于上游，形成较大的温度差，从而计算流体的流量（速）。同时可以看出，流速越大[图 5-5（c）]，形成的温度梯度也就越大，计算得到的流量（速）越大。当流速超过一定范围时[图 5-5（d）]，上下游的温度差开始下降，此时表示已经超过流量计量程。具体探测情况根据传感器的位置不同稍有变化。

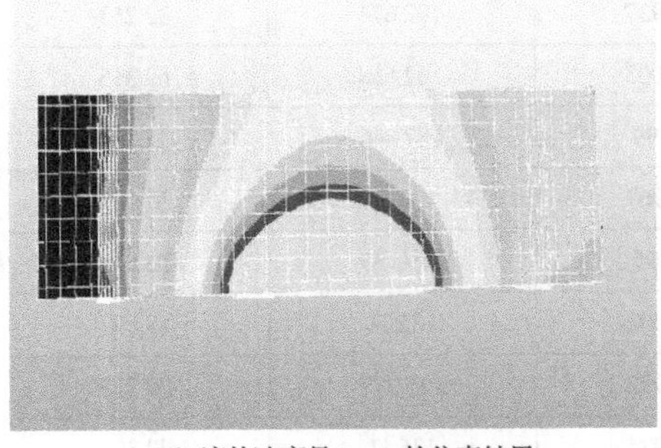

（a）流体速度是 0 m/s 的仿真结果

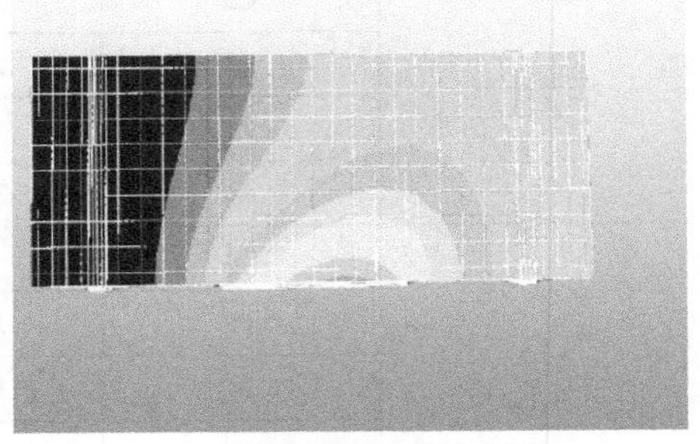

（b）流体速度是 5m/s 的仿真结果

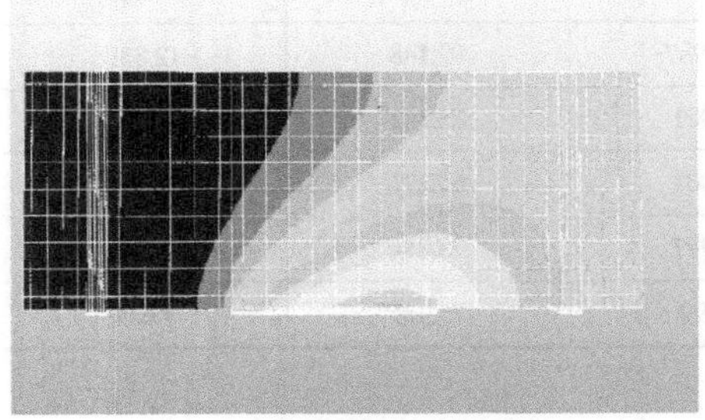

（c）流体速度是 10 m/s 的仿真结果

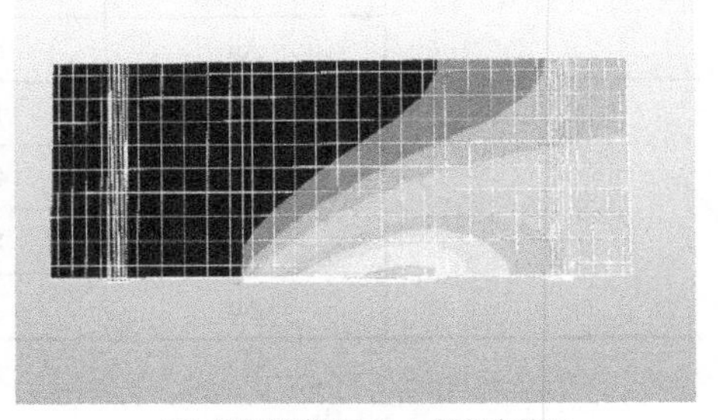

（d）流体速度是 20m/s 的仿真结果

图 5-5 不同流速下流体仿真的流体温度分布结果

目前主流的热式流量计都是基于这个原理来实现，基本的测量范围都在 15m/s 左右，稍大些的在 25m/s 左右。其探测范围比较小，功耗比较大，需要通过优化来提高器件的性能。

（4）流量计的优化

热式流量计的优化方案有很多种，主要包括调整加热器传感器尺寸、调整位置分布、采用单加热器多传感器结构[图 5-6（a）]等。本次流量计的优化调整主要是基于流量计的结构进行调整，将原有的单加热对称结构进行改进，改成双加热器、三传感器对称结构。分布如图 5-6（b）所示，每个加热器分别与左右两个传感器构成一个普通流量计，而两个加热器与两个外侧传感器又构成了一个具有更大探测范围的流量计。低流量时，采用一个加热器作为热源；高流量时，采用双加热器结构作为热源，从而提高量程。

对比单加热器多传感器结构，在平面布局上两者差别不明显，但是具体的操作就有很大的差异。这两种结构的目的都是提升器件的探测范围，更好地完成其流量监测的目的，但是工作原理不同。多传感器结构通过对不同传感器的组合来完成改变量程的目的，扩大量程时，加热器的功率也要做出相应提高，即加热器的温度要升高，热场分布如图 5-7（a）所示。

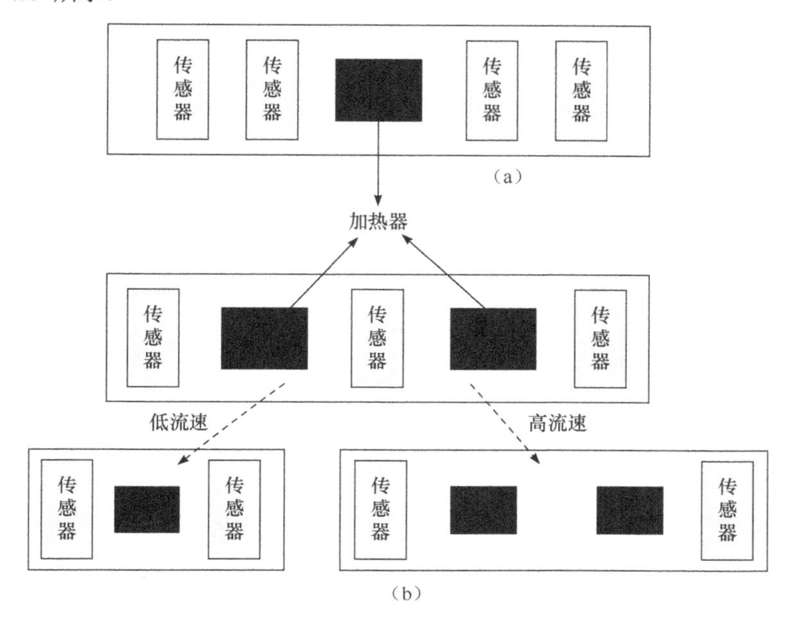

图 5-6　改进结构的流量计

而双加热器结构相对于多传感器结构有明显的优势，由于热式流量计的测量主要依靠热场的变化完成，故提升测量范围需要对热场进行增强。单加热器加热整个空间，从而使第二组或者第三组加热器满足测量的要求。而双加热器结构只需要加热各自的空间，不需要大幅提高其功耗，就可以使外围的传感器获得同样的温度差，即功耗更低，热场分布如图 5-7（b）所示。

双加热器结构可以采用单-双结合的加热方式来进一步降低器件的功耗。在低流速时启动一个加热器，利用其两侧温度传感器来测量流速；当流速增大时启动第二个加热器，利用外侧两个加热器来进行测量。这样设计的优势在于，低流速时采用单个加热器，不浪费能量；高流速时，增大热场宽度，使外侧两个传感器满足测试条件，从而构成新的流量计，以此来提高流体探测范围；同时，更大的流速时可以扩展多个加热器结构，使其满足测试条件。对于特种流体，不能承受更高的温度（如易燃易爆气体或者对温度要求高的生物化学检测等），此时多传感器方案就有其弊端。图 5-7（c）给出了双加热结构流量计在管道内的热场分布图。

图 5-8 给出了双加热器结构在不同的流速情况下，空间热场的分布情况。对比的单加热器结构可以看出，在不通过流体时，空间热场对称分布[图 5-8（a）]；在通过流体的情况下，热场发生偏移，上游加热器热场偏移较大，下游加热器偏移较小，这是由于

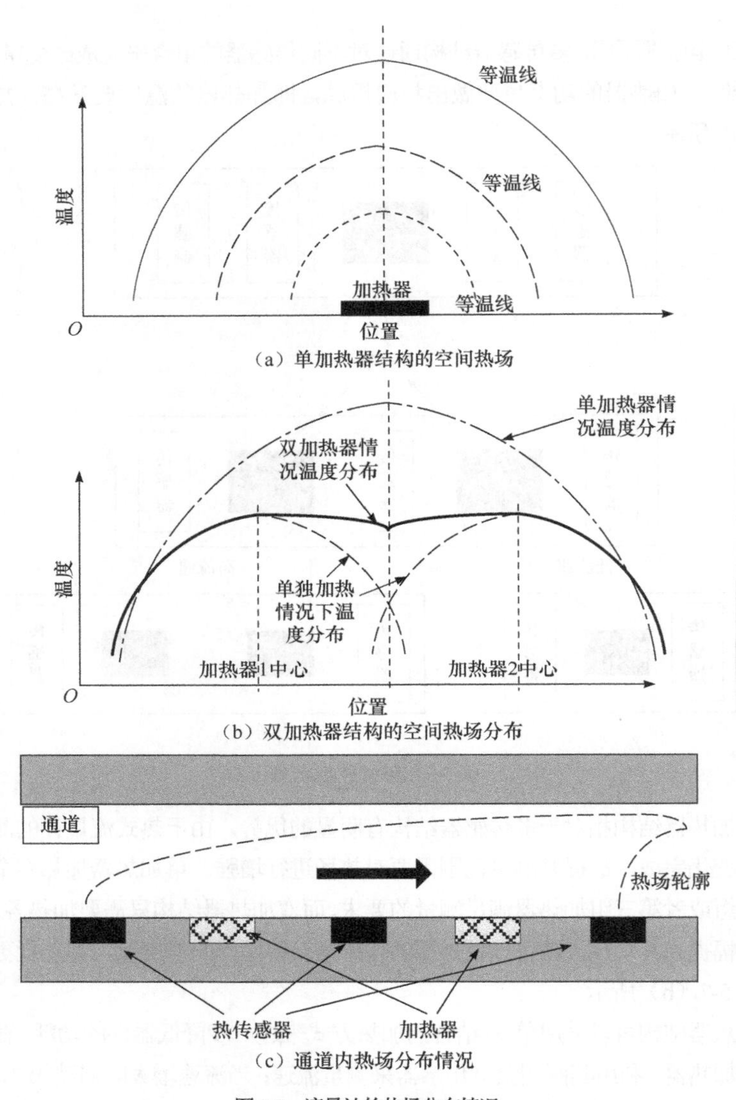

（a）单加热器结构的空间热场

（b）双加热器结构的空间热场分布

（c）通道内热场分布情况

图 5-7 流量计的热场分布情况

上游加热器热场的下移给了下游加热器温度补偿，从而降低了其热场的变化[图 5-8（b）、（c）、（d）]。当流速持续增大时，上游加热器的热场已经严重偏移，不能满足测量的要求，而下游加热器热场也发生变化，产生偏移，进入可测量的范围，从而达到提高探测范围的目的[图 5-8（e）、（f）]。从仿真结果上看，双加热器结构的探测范围可以达到 80m/s，对比单加热器的探测范围 15m/s，可见该结构很大程度上提高了流体的探测范围。低流速时上游加热器热场变化明显，用于测量，高流速时下游加热器进入使用状态，从而证明了这个结构的优越性。

（a）流体速度为 0m/s 时的温度分布

（b）流体速度为 5m/s 时的温度分布

（c）流体速度为 10m/s 时的温度分布

图 5-8

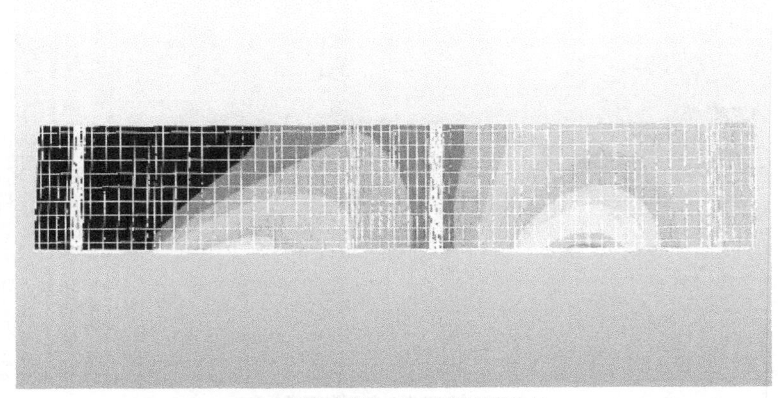

（d）流体速度为 20m/s 时的温度分布

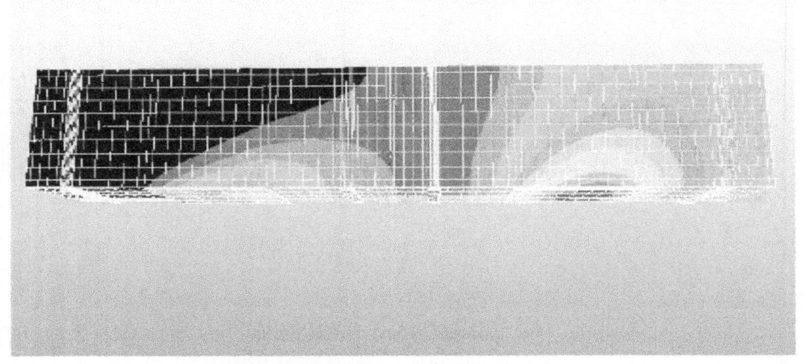

（e）流体速度为 40m/s 时的温度分布

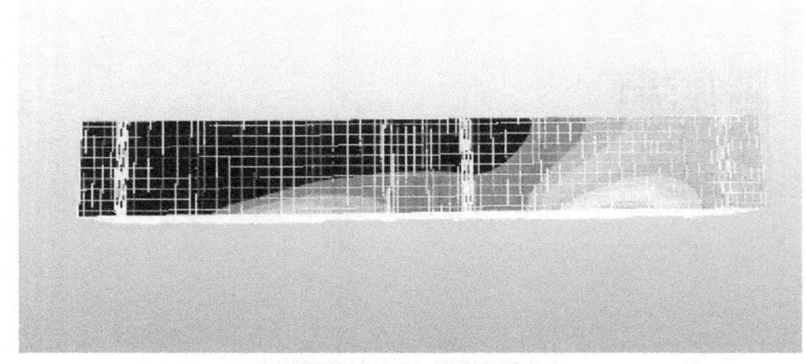

（f）流体速度为 80m/s 时的温度分布

图 5-8　不同流速下双加热器结构空间热场的分布

5.2.2　实验材料与实验仪器

实验中所用到的材料主要有：基底用 4cm×4cm 的方形玻璃片，厚度为 1.5mm；Sylgard184 型 PDMS 预聚体及固化剂（Dow Corning Corp，USA）；美国 Micro Chem 公司生产的 SU-8 3035 负光刻胶以及专用显影液；丙酮（分析纯）、HF（分析纯）、HCL（分析纯）、H_2O_2（分析纯）、H_2SO_4（分析纯）、RIE 用 4 英寸铬靶以及铜靶、氨水、正光刻胶及显影液、2 英寸 p 型抛光硅片（111）等均购自本地供应商，并且所购化学用品不再进行纯化处理。

设备包括：采用型号为 P6700 的匀胶机进行光刻胶的旋涂；采用有真空装置的烘箱对 SU-8 胶及硅片进行烘干；OAI 200 光刻机；蠕动泵；热敏电阻式温度探测器；OXFORD Plasmalab 80Plus 反应离子刻蚀机用于调节残胶的厚度等；另外其他设备还包括有涡流炉、恒温直流溅射仪、直径 1mm 的金属管与软橡胶管、带有加热装置的超声清洗器、SEM 扫描电子显微镜、金相显微镜。

5.2.3　流量计制作工艺流程

流量计的制作工艺步骤如图 5-9 所示，本流量计基于微流控芯片的需求设计，所以工艺中需要兼容微流控芯片的工艺步骤，在玻璃基底上加工铜材料作为所需要的加热和温度探测结构。

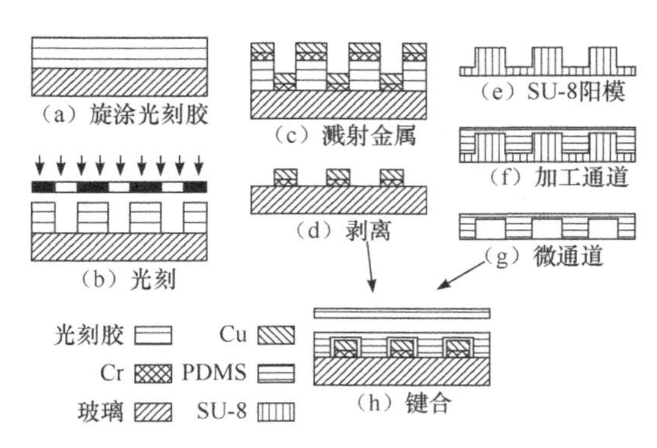

图 5-9　流量计制作工艺流程图

具体工艺流程如下：

① 以玻璃为基底，将玻璃清洗干净。清洗步骤参考第 3 章中玻璃清洗工艺。

② 在玻璃上面旋涂光刻胶。设置旋涂机转速为 800r/min。旋涂结束后静置片刻，利用胶体的自平整效应来消除因旋涂产生的波纹。

③ 光刻。采用接触式光刻，光刻功率为 15mW/cm^2，光刻时间为 8s。

④ 显影。将光刻好的器件浸入正胶显影液中进行显影，实现加热器和传感器结构的

图形化。

⑤ RIE。将带有图形的玻璃置入反应离子刻蚀机，采用氧等离子体轰击，以除去图形中未完全清除的光刻胶。RIE 功率 50W，时间 20s。

⑥ 溅射。溅射金属铬 2min，溅射电流 0.1mA，换铜靶，溅射时间 15min，溅射电流 0.2mA。

⑦ 将带有金属图形的玻璃基片放入丙酮溶液中超声清洗 2min，去掉残余光刻胶，将基片放入酒精溶液中浸泡 2min，去除丙酮，用大量去离子水冲洗干净，用氮气吹干，完成玻璃表面金属加热器和传感器图形的制备。

⑧ 微通道制备并封接。参考第 3 章微流控芯片制备工艺，实现微通道的制备。

5.2.4 加工工艺讨论

（1）清洗流程

在玻璃基底的清洗工艺流程中，如果采用硅片标准清洗流程，对基底材料进行清洗后，旋涂光刻胶效果很不理想。光刻胶不能很好地附着到玻璃基底上，这是由于玻璃基底表面不是很纯净，附着有大量的有机物杂质。采用热丙酮超声清洗来处理玻璃基底的表面，此时可以得到厚度均匀的光刻胶。

（2）旋涂过程对光刻胶厚度影响

旋涂时间过长会影响光刻胶平整度，因此旋涂时间不宜超过 15s，在旋涂时间固定的情况下，光刻胶的厚度取决于最高转速。在旋涂的三个阶段中，设置匀速缓冲阶段，这样可以将多余的光刻胶甩出，从而保证胶体表面的平整程度，避免形成波纹；短时间的加速过程又会形成较高的加速度，保证了基底的光刻胶覆盖率，消除了边缘效应。图 5-10 为光刻胶厚度与最高转速之间的关系。

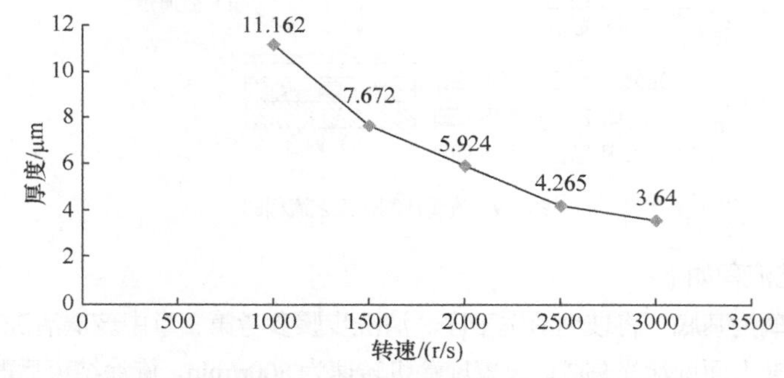

图 5-10 光刻胶厚度与最高转速之间的关系（旋涂时间为 10s）

（3）前烘过程

一般情况下，前烘温度的设置不能高于 150℃，而且前烘时间也不能超过 15min。

否则高温长时间的前烘，会导致光刻胶与基底黏度过大，使得在显影过程中，无法做到完全彻底的显影，导致光刻胶龟裂。

（4）溅射流程讨论

在溅射过程中，形成一定厚度的图形所需要能量一定。若采用大功率溅射工艺淀积加热器，则容易在器件中形成孔洞（如图 5-11），会影响加热器效果。因此在溅射过程中，需要采用低功率、时间相对长的金属淀积工艺，来形成同样厚度的金属图形，这样才能够有效保证加热器性能。

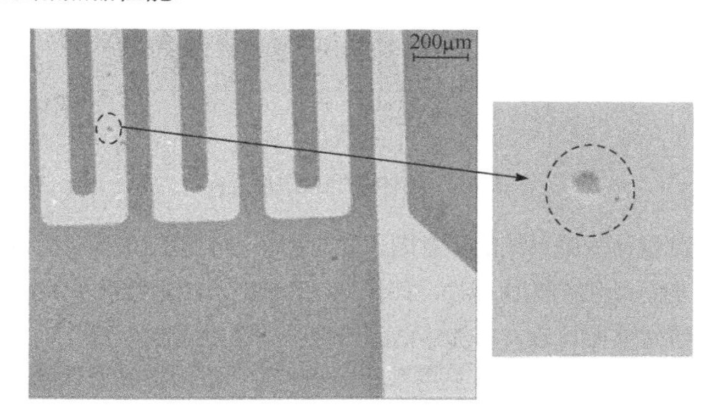

图 5-11　大功率溅射情况下加热器上的金属孔洞

5.2.5　实验结果

加工出的流量计如图 5-12 所示。中间呈方形结构构成加热器部分，而呈长方形结构构成流量计的传感器部分。该结构是加工于玻璃之上的，所以可以与前文提到的微流控芯片集成，从而精准地测量微流控芯片内的流体流量，提高其生化分析过程的精确度，为分析的准确性和可靠程度提供保证。

图 5-12　加工出来的流量计显微照片

图 5-13 给出了铜材料的电阻温度关系，可以看出铜材料的电阻随温度发生明显的变化，可以应用于流量计，从而避免了使用更加昂贵的铂作为加热和探测材料，大大节约了器件的成本。

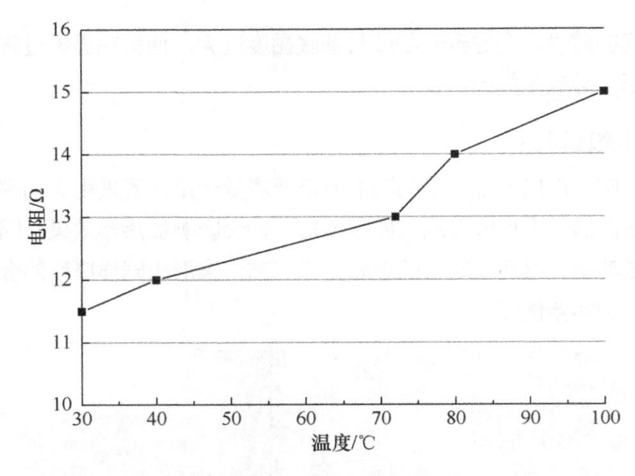

图 5-13 铜材料的电阻温度关系

图 5-14 为流量计测试系统的示意图，并对加热器的温度进行了限制，使其限制在60℃左右。为了验证新结构的优越性，如图 5-15 给出了相同情况下测试流体的流速-电势差关系情况。经过实际比较，单加热器的器件在有温度限制为 60℃时，其测量上限一般不能超过 15m/s；而相同情况下采用本结构的流量计可以提高器件的流量探测范围约40%，可测范围达到 25m/s。而对于单加热器，要想达到 25m/s 的量程时，需要将加热器温度上升至约 75℃，即功耗要加大约 25%。因此可以说明，这种结构的流量计可以在不大幅提高功耗的条件下，增大流体的探测范围，从而能够满足特种测试尤其是生化分析中的温度限制，成功实现流量的测量。

为了降低器件的功耗，可以在低流速时采用单加热器，当超过其量程后，采用双加热器结构，但是这种转换，尤其是自动转换时，需要对电路进行细致的设计。同时，可以将这种新结构依实际情况进行扩展，采用三加热器或者多加热器结构，能够进一步提高探测范围。

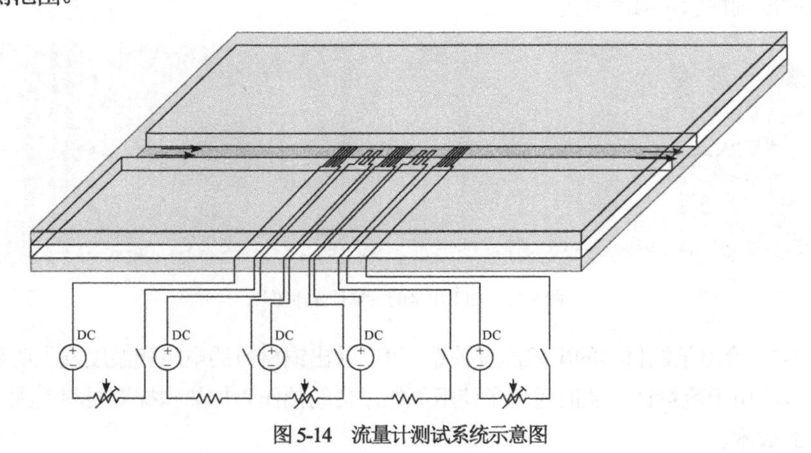

图 5-14 流量计测试系统示意图

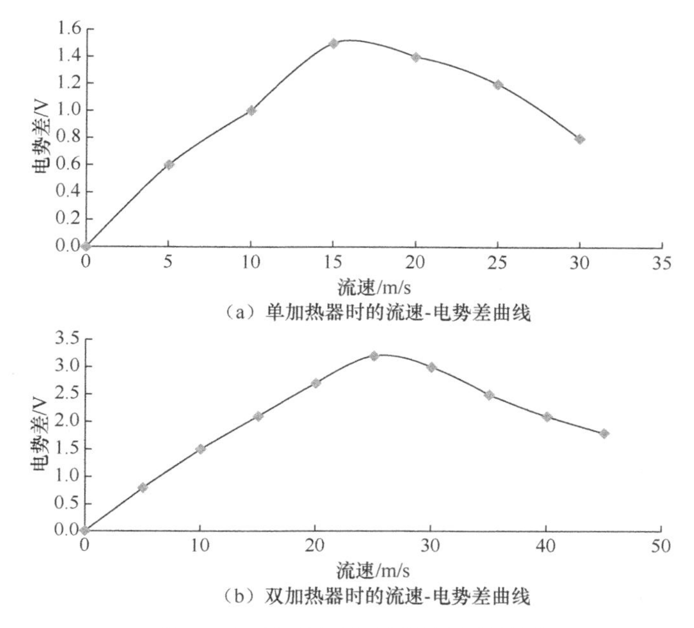

（a）单加热器时的流速-电势差曲线

（b）双加热器时的流速-电势差曲线

图 5-15　流量计的流速与探测器电势差的关系

5.3　微流控芯片中的热膨胀型微阀

随着微流控芯片的集成化和商业化发展，微阀和微泵的受关注度大大提高，因为它们已成为微流控芯片发展的瓶颈。特别是作为控制元件的微阀，其作用包括径流调节、开/关转换、密封生物分子、微/纳粒子、生物试剂等，其性质包括无泄漏、死体积小、功耗低、压阻大、对微粒玷污不敏感、反应快、可线性操作等。

热膨胀驱动型微阀属于主动型集成机械驱动微阀，采用气体或液体加热体积膨胀使膜片弯曲的方式驱动微阀。这种微阀已经被应用于许多微流体器件中，因为它能够提供足够的微阀驱动力和足够的位移，而且热膨胀驱动型微阀的结构十分简单，加工方便。

5.3.1　微阀的原理及其结构

热膨胀型微阀的原理是，对置于腔体内部的金属加热器加热，使封闭的腔体膨胀，从而产生弹性膜的向上形变，进而堵塞通道，完成流体通道的通断控制。微阀的结构如图 5-16 所示，主要包括有流道层、腔体层和弹性膜，都采用 PDMS（聚二甲基硅氧烷）作为材料。PDMS 成本低，使用简单，同硅片和玻璃有良好的黏附性和工艺兼容性，已经成为微流控芯片中不可或缺的材料之一[112-117]。

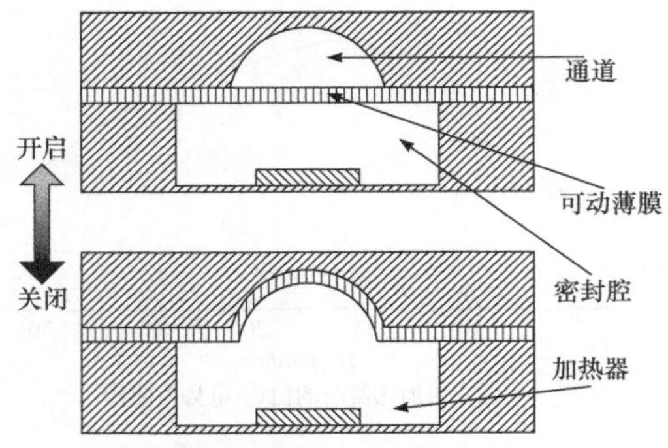

图 5-16 热膨胀驱动微阀结构

PDMS 具有很小的弹性模量。因此，使用 PDMS 作为弹性膜，理论上需要更小的力就能够关闭微阀，也就是说需要更低的温度，进而降低了功耗，提升了实验的生物兼容性。而且流道层、腔体层和弹性膜都采用 PDMS 作为材料更易于这三层的黏合，其加工更加简单，黏合强度也较高。

使用玻璃代替 PDMS 作为加热基底层材料，因为 PDMS 和玻璃非常容易黏合。玻璃的弹性模量比较大，以玻璃为基底，微阀更不容易变形，稳定性更高。选择铜作为加热器的材料，因为铜的化学惰性非常强，作为电极有很强的稳定性。而且，铜在 MEMS 加工中使用非常普遍，容易得到，用溅射和光刻的方法就可以进行加工。

5.3.2 加热器温度的计算

$$\alpha = \frac{\Delta V}{V \Delta T} \tag{5-11}$$

式中，α 为体胀系数；V 为体积，μL；T 为温度，℃。在热膨胀驱动微阀的计算中，腔体的体积 V 为 0.79μL，流道的体积（ΔV）为 0.0082μL。当温度敏感体的体胀系数 α 为 0.0012 时，可以通过计算得到，使微阀关闭的最小温度变化为 8.7℃。

5.3.3 微流体通道的设计与仿真

热膨胀微阀利用金属电热效应对腔体中的空气加热，空气受热膨胀后对薄膜层产生压强，薄膜受力产生形变堵塞流道，微阀关闭。在仿真过程中，由于微阀各部分涉及不同的仿真模块，因此采用分块仿真的方法，利用仿真来进行理想化参数模拟，以便指导后续微阀制作过程。

（1）流道结构对微阀性能影响

流道设计：①流道设计采用长方体结构，流道宽度 50μm，流道高度 25μm，流道长度为 100μm；②流道采用圆拱形结构，流道宽度 50μm，流道高度为 25μm，流道长度为 100μm。网格划分所用尺寸均为 5μm。

图 5-17 中看到的形状为外侧通道壁，内部中空结构为通道形状，这是一层虚拟结构，在微阀实际结构中利用键合技术对薄膜层进行固定。对微阀进行结构力学仿真，在通道下方 PDMS 薄膜层下方施加相同大小的压强（7.5×10^{-3}MPa），比较不同流道结构对微阀性能的影响。

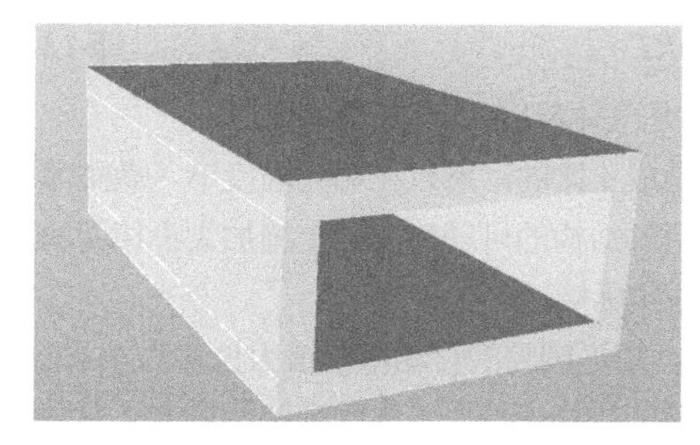

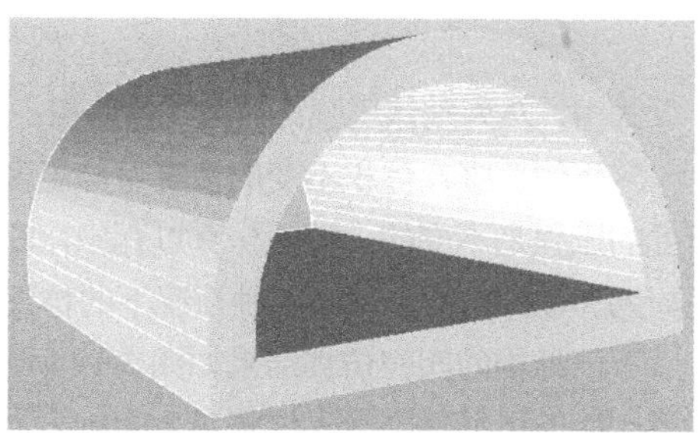

图 5-17　方形与圆拱形流道结构设计图

从图 5-18 的仿真结果上看，矩形流道结构和弧形流道结构的可动薄膜形变类似，均为中间隆起的弧形。仿真效果上，两者最大形变量区别不大，主要是在泄漏体积上区别明显，矩形结构流道的上部两侧存在较大的泄漏区，圆弧状流道侧壁向内侧倾斜，其泄漏区体积明显小于长方体流道。这一点上弧形沟道有很大的优势，但是加工工艺的难度大，尤其对于浇注工艺来说，弧形结构的模具对加工工艺有很严格的要求，加工难度巨大，不利于推广和实现。而对于矩形结构，如果想获得好的封堵效果，则需要使弹性模形变量更大，这就对微阀的材料参数和加热系统的效果提出了更高的要求。

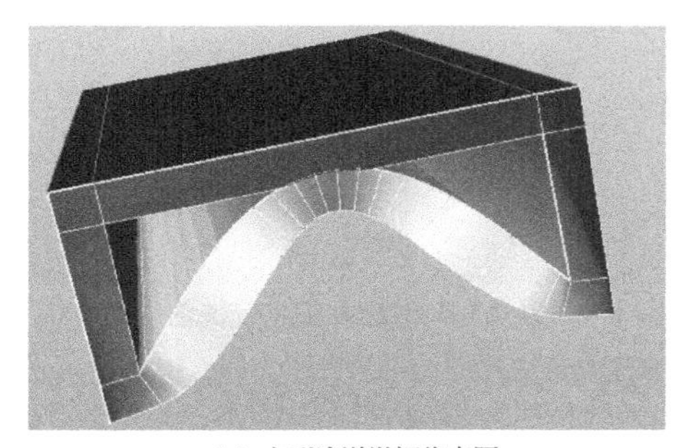

（a）方形流道微阀仿真图

（b）圆拱形流道微阀仿真图

图 5-18　不同流道微阀仿真图

（2）阀腔结构对微阀性能影响

由前文可以看出，单纯依靠膨胀薄膜对流体通道进行封堵，需要的驱动力较大，且封堵效果很不理想。因此需要对流道层结构进行调整。本课题中，在流道中与膨胀区域对应处采用了大面积阀腔，阀腔面积远大于流道面积，从而形成很大的薄膜驱动力，提高了微阀封堵效果，进而扩大了热膨胀微阀的使用范围。

阀腔结构的两种设计方案：①采用矩形结构，预设阀腔大小为 1800μm×1800μm，流道高度为 150μm；②采用圆形结构，设其直径为 1800μm。两种结构的形变薄膜层厚度均选择 70μm。

由理想气体状态方程可知，

$$PV=nRT \tag{5-12}$$

式中，P 为气体压强；V 为气体体积；T 是气体温度；n、R 是常数。

气体的压强在体积不变的情况下与温度是成正比的，所以在相同温度下，微阀薄膜所受的压强是不变的，因此仿真过程中，在两种结构的可动薄膜层上施加大小相同的压强，为 5×10^{-4}MPa，保证两种情况下的仿真与实际接近。

不同结构的阀腔仿真结果如图 5-19 所示，矩形阀腔的可动薄膜最大位移为 454μm，圆形阀腔的可动薄膜最大位移是 348μm，同样的压强条件下，大阀腔结构增大了薄膜的位移，这与可动薄膜的受力面积是成正比的。而且从微加工的角度考虑，由于存在阀腔结构，各结构层之间的对准和键合操作过程会更加容易，这降低了微阀的工艺难度；从流体力学的角度来说，阀腔相对于流体流动方向的截面面积远远大于流道横截面面积，因此阀腔内流体的压力远小于流道内液体的压力，从而极大减缓了流道中流体流速，释放了流体压力，使得薄膜所受的阻力减小，保证了热膨胀驱动微阀的可靠性。

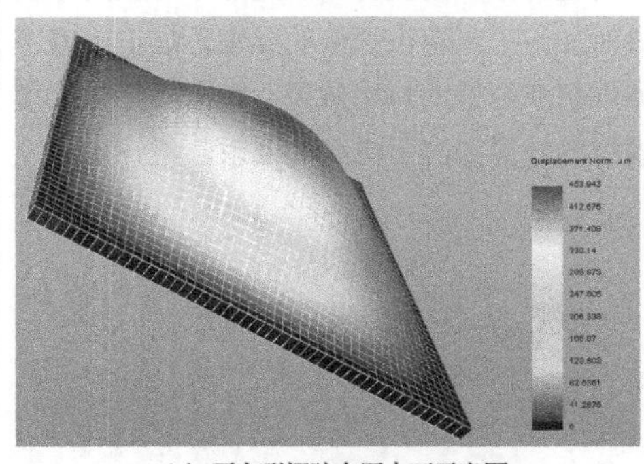

(a) 正方形阀腔在压力下示意图

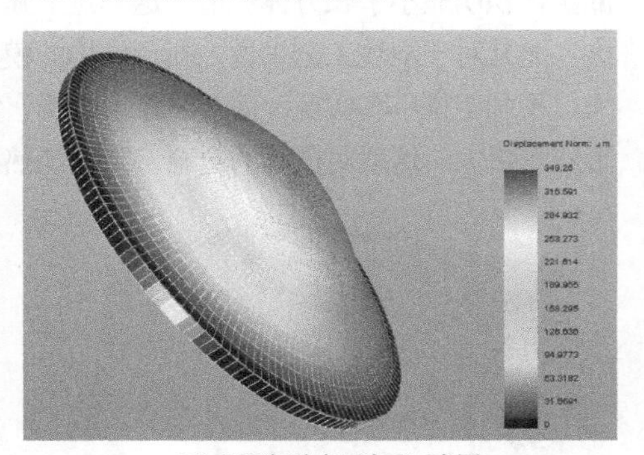

(b) 圆形阀腔在压力下示意图

图 5-19　不同结构的阀腔仿真结果

但阀腔结构的存在增大了需要封堵的流体截面面积，而微阀的关闭过程需要更大的驱动力来促使薄膜层发生更大的位移。因此在可变薄膜的上方，增添了流体通道上沿进行仿真，来考察微阀在这种情况下的封堵效果。

由图 5-20 可以看出在 7.5×10^{-4}MPa 的压力条件下阀腔的形变情况。从图 5-20（a）中可以看出，正方形阀腔的边缘拐角处存在随压力变化很不明显的区域，而在微阀实际应用中，这里流体的流速很缓慢，待检液体中的悬浮物质等容易在此处吸附滞留，从而

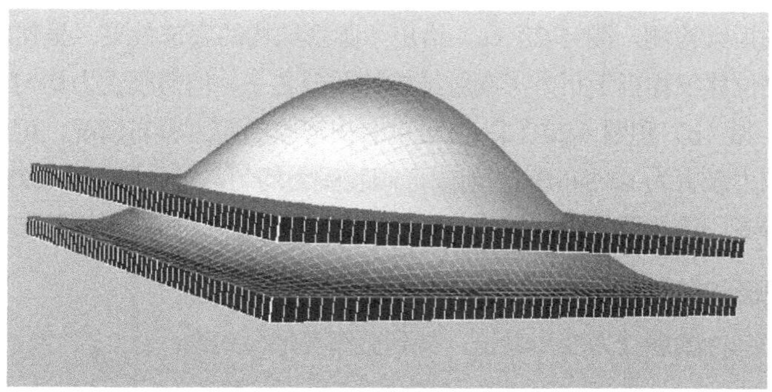

（a）正方形阀腔结构侧面封堵效果图

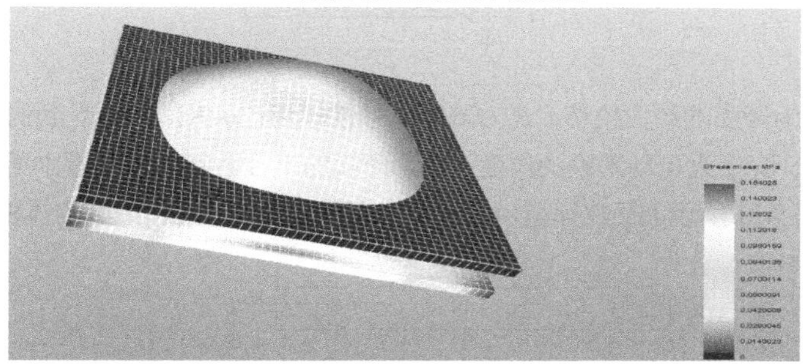

（b）正方形阀腔结构的应力分布

（c）圆形阀腔结构底部效果图

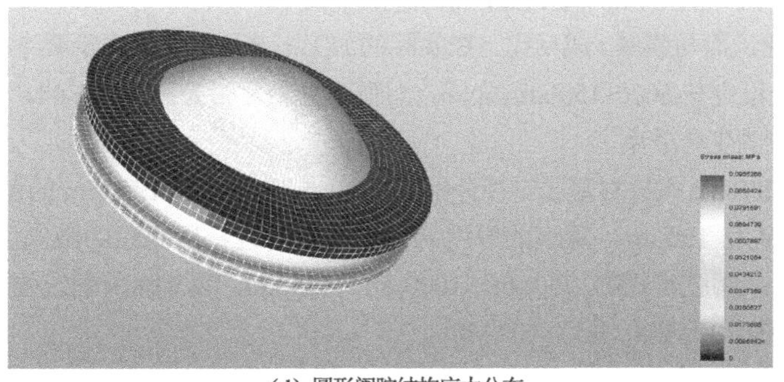

（d）圆形阀腔结构应力分布

图 5-20　不同阀腔结果的仿真效果图

影响微芯片的后续检测。图 5-20（c）给出了圆形结构的底部效果，虽然圆形阀腔的可动薄膜层最高位移仅相当于正方形阀腔结构的四分之三，但薄膜受力均匀，死区相比小得多。从图 5-20（b）和图 5-20（d）上可以看出薄膜的应力分布情况，可以看出正方形阀腔边缘处应力最大为 0.154MPa，而圆形阀腔受力均匀，最大应力为 0.095MPa，相对均匀而且小得多，这主要是由结构形状造成的。综合考虑采用圆形阀腔结构制备微阀。

（3）圆形阀腔性能仿真

根据圆形弹性薄膜受力变形理论，得到微阀变形公式为：

$$z=-\frac{1}{4}\times\frac{24(1-v^2)p}{E^{\frac{1}{3}}}\times\frac{R^{\frac{4}{3}}}{t^{\frac{1}{3}}} \tag{5-13}$$

式中，z 为薄膜的最大位移；E 为薄膜的弹性模量；p 为薄膜所受到的压力；v 为薄膜材料的泊松比；t 为可动薄膜的厚度；R 为薄膜的半径。对于本课题中所研究的情况，可以采用如图 5-21 所示的简化模型，来计算微阀薄膜的位移与泄漏区的体积之间的关系。

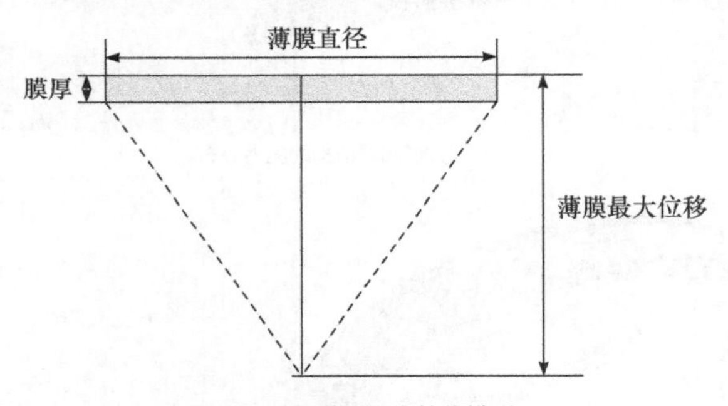

图 5-21 薄膜形变简化模型

由于在阀腔中存在液体压力，因此可以采用图 5-21 的简化模型来分析薄膜-位移关系。选定薄膜材料为 PDMS，在热膨胀腔与加热器参数均固定的前提下，公式中影响薄膜最大位移 z 的只剩下薄膜的厚度 t 与薄膜的半径 R，即薄膜的最大位移与圆形薄膜的半径 R 成正比，而与膜厚 t 成反比。在实际的加工工艺过程中，由于要考虑微阀的集成度，薄膜半径设定在 500～1500μm 之间，而膜厚主要受加工工艺的影响。薄膜的厚度会大大影响微阀的生产效率。

利用 IntelliSuite 软件对薄膜半径分别为 750μm、1000μm、1250μm 的微阀进行仿真，设置通道高度为 150μm，薄膜的厚度为 70μm。当这三种面积的微阀所受压力均为 4.5×10^{-3}N 时，阀腔半径为 750μm、1000μm、1250μm 的薄膜所受压强分别为 2.55×10^{-3}MPa、1.43×10^{-3}MPa、9.17×10^{-3}MPa。

由图 5-22 可以看出，三种可动薄膜的最大位移分别是 487μm、800μm 和 1290μm，证明薄膜位移量与薄膜的面积成正比，而且随着薄膜面积的增加，到达流道顶部的薄膜

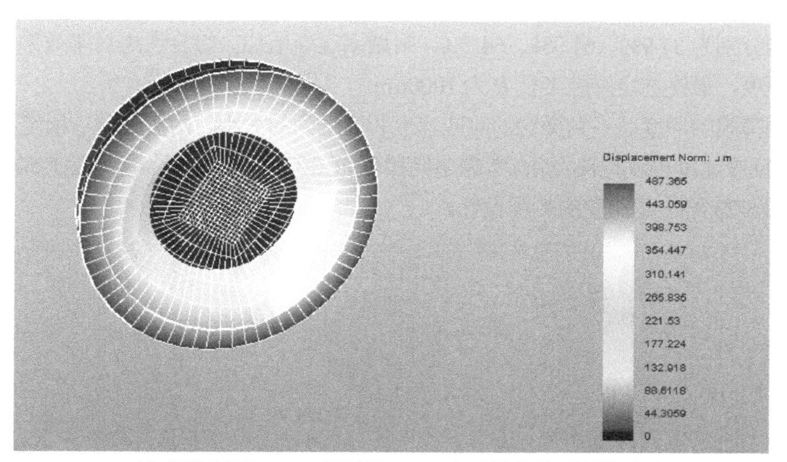

（a）阀腔半径为 750μm 的微阀在 4.5×10^{-3}N 压力作用下薄膜位移量

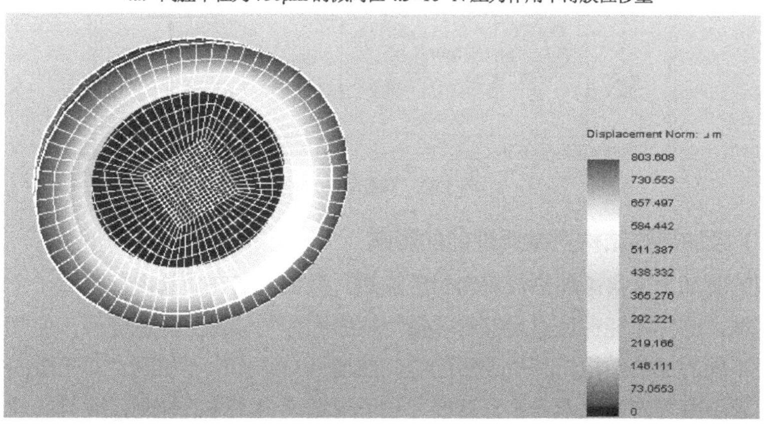

（b）阀腔半径为 1000μm 的微阀在 4.5×10^{-3}N 压力作用下薄膜位移量

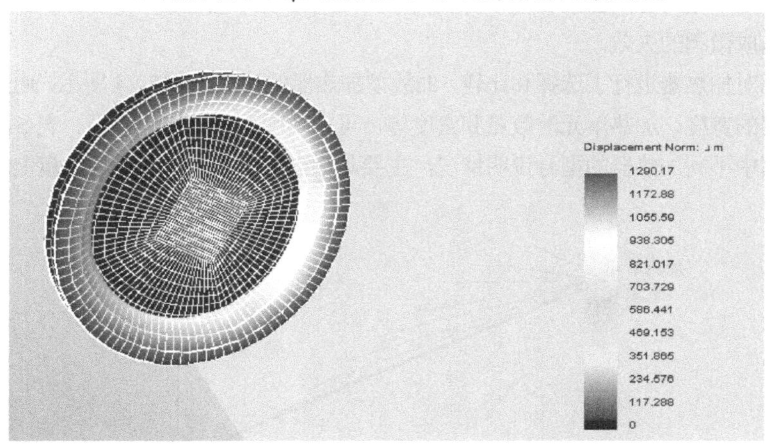

（c）阀腔半径为 1250μm 的微阀在 4.5×10^{-3}N 压力作用下薄膜位移量

图 5-22　不同尺寸微阀在相同作用力下的位移

所占比例分别为31.9%、61.9%、64.7%，封堵率逐渐增加。综合考虑封堵效果以及微阀的集成程度，最终选定阀腔半径 R 为1000μm。

可动薄膜的厚度关系到微阀的响应速度和驱动力的大小，薄膜越薄，所需要的驱动力越小，反应速度也就越快。综合考虑功耗和微加工工艺，薄膜最终厚度应在50～100μm之间。图5-23给出了阀腔的版图设计。

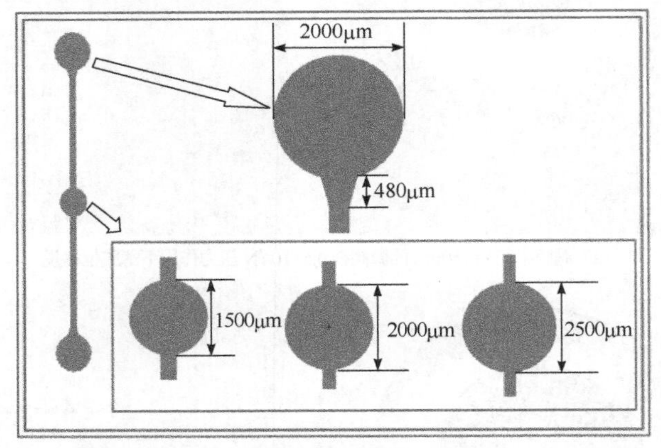

图5-23 阀腔版图设计

（4）微加热器结构对微阀性能的影响

微阀的驱动力来自微加热器对密封腔加热。微加热器在微阀内部形成一个较为稳定的加热区域，这样才能保证有足够的热量与膨胀腔内气体发生能量交换，使气体受热膨胀。但是不同的加热结构，其生热后的空间热场分布结构大不相同。对于微阀来说，加热区域要求温度稳定而且温差小，这样才利于对通道内流体的控制，而且其与玻璃基底的键合稳定性也与加热温度有关，温度过高，造成材料内应力过大，容易破坏加热器的结构，造成微阀的失效。

本书对加热器进行了选择和比较，曲线型加热器的结构如图5-24所示，通过改变整个加热器的宽度、加热单元的数量和宽度等，可以实现不同的加热效果。表5-4给出了本次仿真中不同加热器的型号说明情况，主要是加热器宽度和加热电阻数量上的区别。

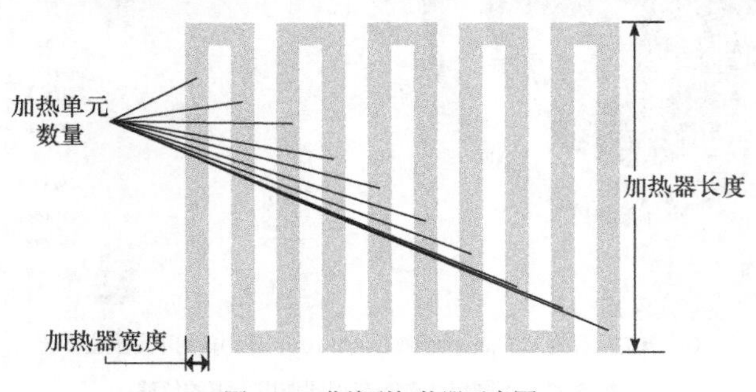

图5-24 曲线型加热器示意图

本书采用 IntelliSuite 对不同金属加热器进行电压温度仿真，设置环境温度为 25℃，分析不同驱动电压下金属薄膜的温度性能。不同加热电压下热稳定区温度如表 5-5 所示。

表 5-4　蛇形加热器型号说明

型号	加热器长度/μm	加热单元数量/条	电阻线宽度/μm
1	2000	8	150
2	2500	10	150
3	3000	10	150
4	2000	10	100
5	2500	14	100
6	3000	16	100

表 5-5　不同加热电压下热稳定区温度　　单位：℃

型号	1V	1.5V	2V	2.5V
1	35.1	49.9	69.3	94.7
2	30.4	39.2	46.4	58.4
3	28.8	33.5	40.4	53.7
4	31.0	39.5	50.9	68.6
5	31.4	38.5	40.0	65.4
6	28.2	32.3	38.0	45.3

型号 1、2、3 与 4、5、6 两组加热器的金属电阻宽度分别相同、热稳定区域面积不同。由于加热器的功率与电阻成反比，而电阻又正比于加热器的长度，因此，型号 1 对比型号 2、3 发热最大，相同加热电压下，温度最高，而型号 4 对比型号 5、6 情况也是类似。随着热稳定区域的增加，加热器产生的热量更多的是通过底层扩散掉，因此形成同样的温度就需要更高的电压；而热稳定区域小则散热面积小，从而提供给膨胀腔内的能量也小，会增加微阀的响应时间。综合考虑，本课题选定热稳定区域为 2000μm×2000μm。

对比型号 1 与 4、2 与 5、3 与 6 三组加热器，每组加热器的加热区域面积相同，加热器线宽不同，随着加热面积比例的增大，热稳定区域温度逐渐升高，但需要消耗的功率同样升高，而且加热区域的稳定性也受到了一定影响。待测液体对温度不敏感时，采用金属线宽为 150μm 的加热器，如果待测液体对温度很敏感，为了便于温度控制，应该采用宽度为 100μm 的加热器，本课题中设定加热器线宽为 100μm。

薄膜加热器厚度影响加热器电阻，不同厚度的薄膜加热器，对热稳定区域的形成影响明显。按照型号 4 设计加热器结构，对不同厚度加热器进行仿真，比较在 25℃的环境中不同膜厚的加热器的电热特性。

由图 5-25 可以看出，随着加热器膜厚增加，同样型号的金属加热器电阻减小，相同电压下消耗的功率升高，发热效率增加，但是由基底散出的热量同样增加，因此在满足微阀需要的前提下，加热电压越小越好。综合考虑微加工工艺的影响，加热器厚度在2～5μm左右是个合适的选择。

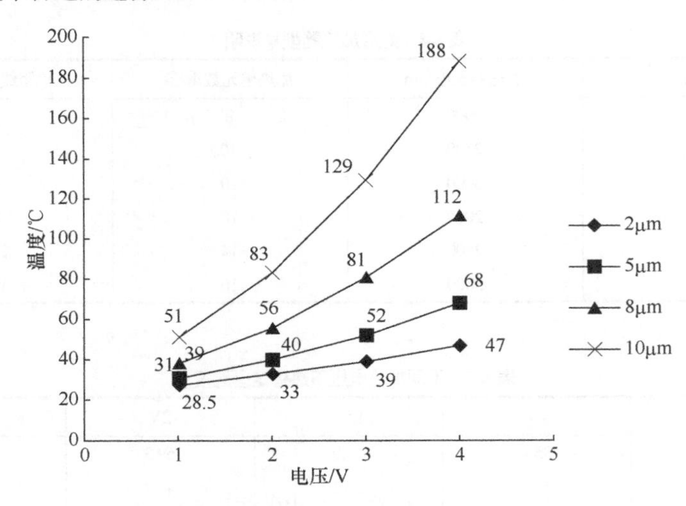

图5-25 不同膜厚的型号4加热器温度与电压关系

5.3.4 实验材料与实验仪器

制备微阀的实验仪器：P6700匀胶机，配套的2英寸硅片真空吸盘；涡流炉；蠕动微泵；OXFORD 80Plus反应离子刻蚀机（RIE）；热敏温度探测器；直流溅射仪；超声清洗机；真空烘箱；不同直径的金属管与软橡胶管；OAI 200光刻机；SEM扫描电镜；金相显微镜等。

制备微阀所用的实验材料：基底用4cm×4cm方形玻璃片，厚度1.5mm；SU-8 3035光刻胶及其专用显影液（美国Micro Chem公司生产）；2英寸硅片（中电46所）；去离子水；Dow Corning 184型号PDMS预聚物以及固化剂；4英寸铬靶，4英寸铜靶；Piranha溶液（浓硫酸与双氧水按7∶3的比例混合而成）。

5.3.5 微阀加工工艺及工艺参数优化

微阀的制作工艺流程如图5-26所示，主要包括4部分，分别是加热器部分、腔室部分、弹性膜片以及流体通道部分。

微阀的制作采用光刻工艺在玻璃表面加工出加热器，先在干净的玻璃表面旋涂光刻胶，光刻后，溅射20nm的Cr作为黏附层，接着溅射100nm的Cu作为加热器，将溅射好的玻璃置于丙酮溶液中超声脱模，得到加热器。加热器的制备工艺参考第5章中流量计的金属加热器的工艺步骤。

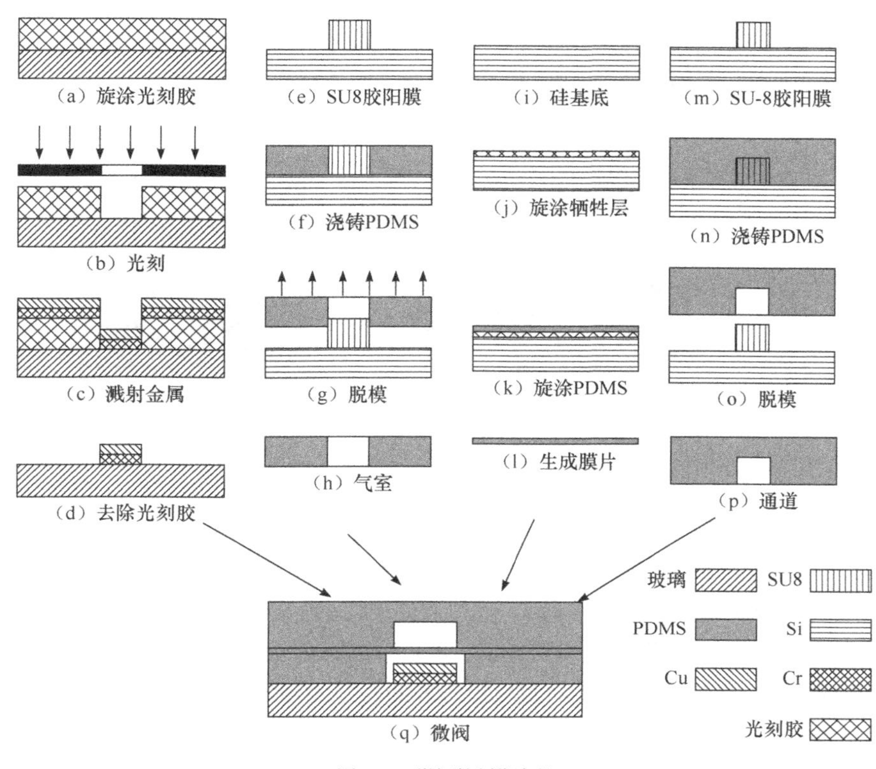

图 5-26　微阀的制作流程

腔室和通道部分采用相同的工艺流程，在硅表面上通过光刻工艺制备 SU-8 的阳膜，作为浇注的模具，浇注 PDMS，固化脱模后得到所要的结构。具体工艺过程参考第 3 章 SU-8 胶和 PDMS 材料的加工步骤。

浇注后完成的膜片厚度不易控制，而且结构不稳定，主要是由于在 PDMS 浇注过程中无法保证器件的上下平行，会产生细微的形变，这将严重影响微阀的工作及整个流体通道的密封性。而且膜片过薄，不易实现完整的脱模，易缺损，造成实验的失败。因此膜片的制备采用了牺牲层工艺，牺牲层材料选择为正性光刻胶。

采用牺牲层工艺的优点在于，可以通过旋涂的方式控制 PDMS 的厚度。具体工艺流程是，在玻璃表面旋涂光刻胶，固化后对其表面采用 RIE（反应离子刻蚀），对其进行改性处理，使得 PDMS 可以旋涂于光刻胶之上。固化脱模后得到完整的弹性膜片[118-122]。

微阀制备需要注意对工艺流程的处理，主要包括如下几点。

（1）清洗流程优化

在基底清洗工艺流程中，采用硅片标准清洗流程对基底材料清洗后旋涂光刻胶。在旋涂过程中，发现旋涂效果不好，光刻胶没有附着到玻璃基底上，这是因为玻璃基底在生产过程中，表面附着有大量有机物。若采用热丙酮超声清洗来去除玻璃生产过程中产生的大量有机物，最终可得到厚度均匀的光刻胶。标准清洗下和改进清洗流程后玻璃基底效果如图 5-27 所示。

图 5-27 标准清洗下和改进清洗流程后玻璃基底效果图

（2）旋涂过程对光刻胶厚度影响

实验中发现，旋涂时间过长，光刻胶平整度会受到极大的影响，因此旋涂时间不宜超过 15s。在固定旋涂时间的情况下，光刻胶的最终厚度由最高转速决定。在旋涂的三个阶段中，设置一定匀速阶段，这样才能将多余的光刻胶甩出，保证胶体表面的平整度，避免形成波纹；短时间的加速过程形成较高的加速度，这样才能保证基底的覆盖率，消除胶体边缘效应。光刻胶厚度与最高转速的关系如图 5-28 所示。金相显微镜下光刻胶效果图如图 5-29 所示。

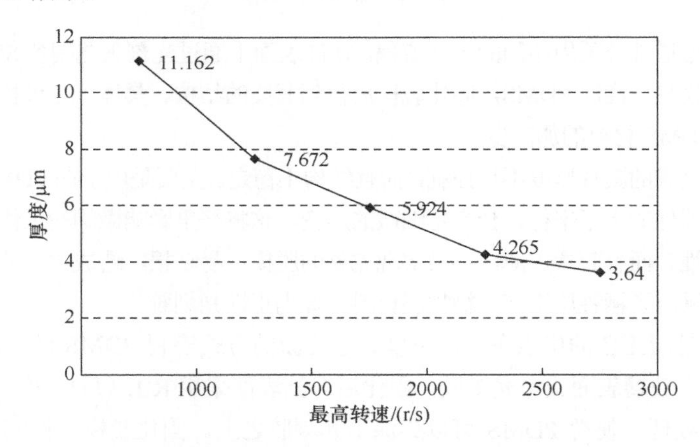

图 5-28 光刻胶厚度与最高转速的关系（旋涂时间固定 10s）

（3）前烘过程对光刻图形影响

在前烘过程中，同样厚度的光刻胶前烘温度有一定的浮动范围，但若前烘温度过低，光刻胶中的溶剂挥发较慢，导致前烘过程时间较长，影响芯片制作效率；若前烘温度过高，溶剂挥发较快，则前烘过程不容易控制。一般来说前烘温度不能高于 150℃，前烘

图 5-29　金相显微镜下光刻胶效果图

时间不超过 15min。高温长时间前烘会导致光刻胶龟裂、光刻胶与基底黏附性过强，从而在显影过程中无法做到彻底显影。本课题中，要将玻璃基底上光刻胶厚度提高到 5μm 左右。长时间的高温前烘导致光刻胶龟裂，如图 5-30 所示。

图 5-30　高温长时间前烘导致光刻胶龟裂的效果图

（4）溅射流程讨论

在溅射过程中，常采用长时间低功率溅射来形成完好的加热器图形。在溅射流程中，形成一定厚度的图形所需能量一定。若采用短时间大功率的溅射工艺完成铜加热器淀积，则容易形成孔洞，如图 5-31 所示，影响加热器效果，对微加热器两端加上电压后，发热效果较差，甚至不导电。因此在溅射过程中，应采用低功率、长时间的金属淀积工艺以形成同样厚度的金属图形，这样才能较少形成金属孔洞，保证加热器性能。

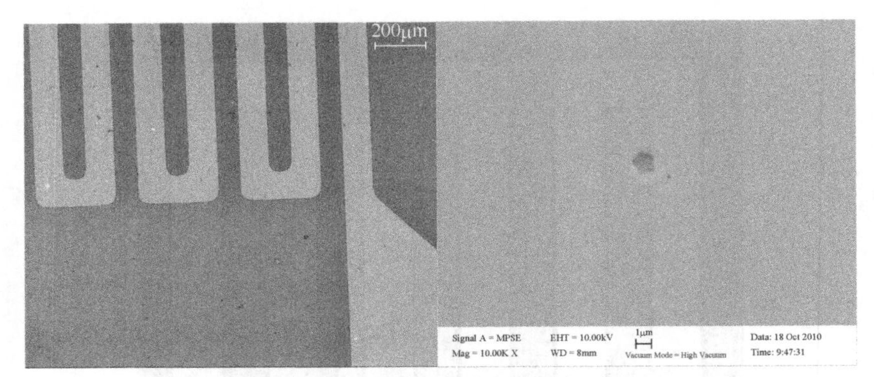

图 5-31 金像显微镜下与 SEM 下的金属孔洞

5.3.6 微阀的实验结果

图 5-25 中给出了实验的结果，图 5-32（a）和图 5-32（b）是采用光刻工艺后固化生成的 SU-8 胶的阳膜，分别用于制作微阀的阀腔和流体通道，可以看到图形光滑平整，结构清晰，无粘连。图 5-32（c）中是完成光刻溅射去胶后的金属加热器结构的 SEM 扫描图片。图 5-32（d）中是浇注脱模完后生成通道的微阀图片，可以看到生成的图形很

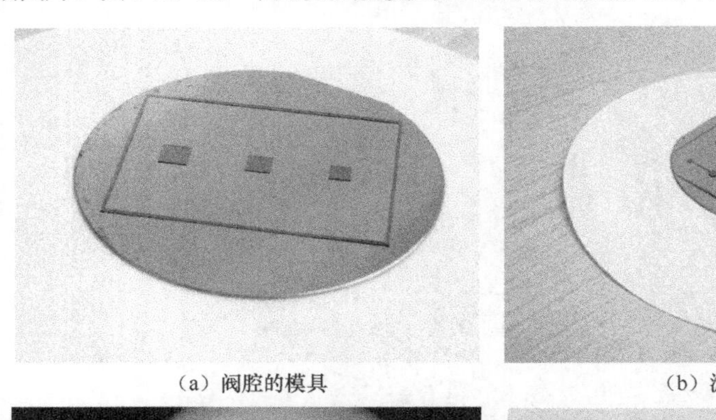

（a）阀腔的模具

（b）流体通道模具

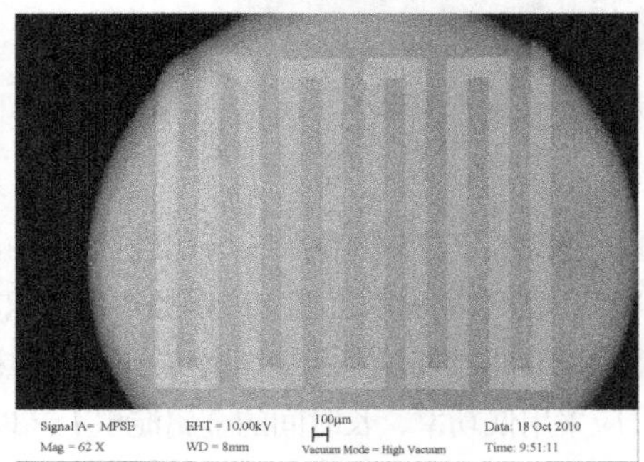

（c）加热器的SEM电镜图片

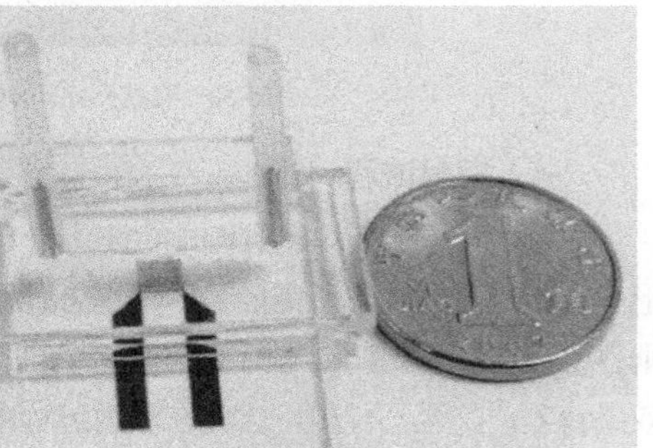

（d）微阀的图片

图 5-32 实验结果

圆滑，可以满足测试的需要。

图 5-33（a）给出了微阀测试的系统图。将导线连接到微加热器引脚两端，设置好蠕动泵功率和其他参数，将导线接到 10V 稳压电源上，调节电源输出电压，观察在同样的驱动功率、不同驱动电压下微阀的性能参数。图 5-33（b）给出了输出电压大小与流体流速之间的关系，可以看到输出电压为零时，流速为 1000μL/min，可见微阀完全开启的状态下，流速为 1000μL/min。设置电压从 1V 到 10V 变化，由图可知，随着输出电压增加，微阀流速逐渐减缓，微阀的可动薄膜位移逐渐变大。当电压达到 9V 时，可实现微阀关闭的功能。

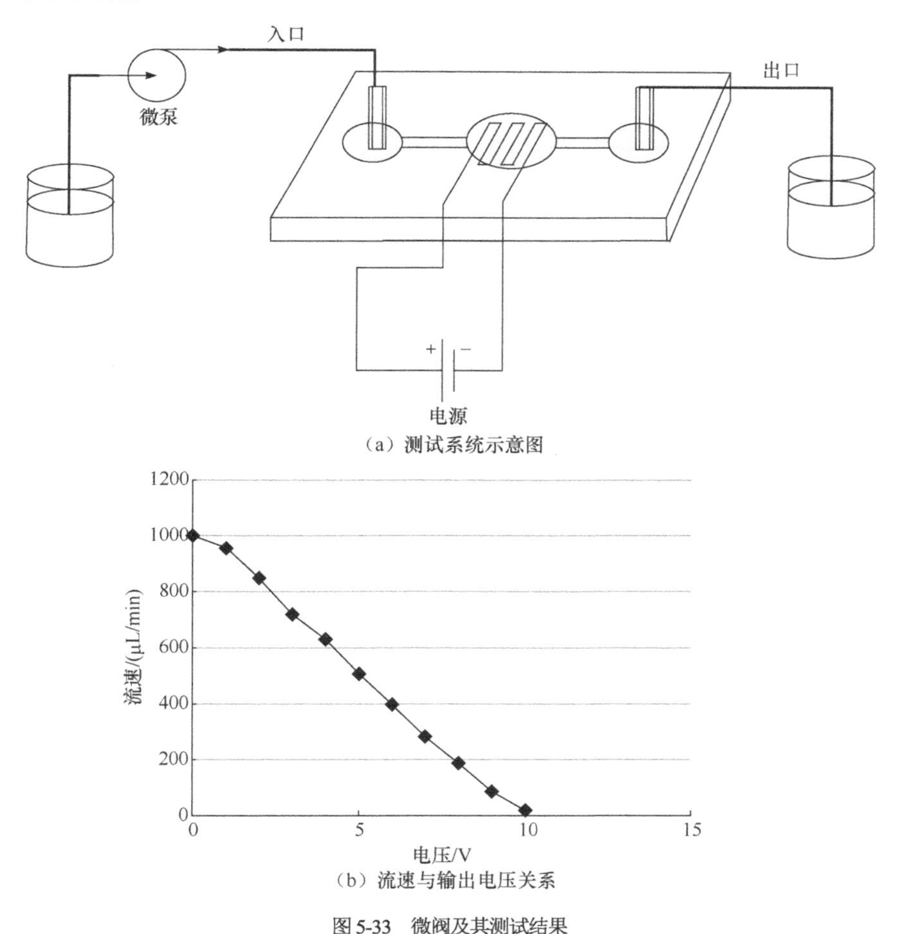

图 5-33 微阀及其测试结果

表 5-6 给出了不同电压下阀腔内温度以及压力的变化情况，从中可以看出阀腔的温度与压力均随着输入电压的增大而增大，并最终实现微阀的关断和打开功能。

表 5-6 不同电压下阀腔温度和压力的变化情况

电压/V	温度/℃	压力/kPa
3	40	5
5	60	10
7	78	16
9	95	26
12	132	38
15	185	53

5.4 本章小结

本章研究了流体控制单元中微流量计的检测原理，提出了新的微流量计结构和模型。采用单加热结合双加热的模型，对其进行了建模和仿真，并与通用的现行结构进行了比较。通过仿真分析知，该结构在相同条件下大大降低了器件的功耗，而在有温度限制等特殊条件下，该结构的探测范围更大。

本章研究了流量计的加工工艺，在玻璃基底上采用铜材料制作该结构，大大降低了材料成本，通过优化和改进工艺实现该流量计的制备。进行了测试，证实了这种新结构能够改进流量计的效果，提高其探测范围。该流量计可以集成到微流控芯片中，从而完成对微流控芯片中液体流速和流量的测量，保障了微流控芯片中分析和实验的准确程度。

本章讨论了热膨胀驱动型微阀的工作原理，对该微阀进行了结构设计。详细阐述了热膨胀驱动微阀的制备工艺，成功完成微阀的制备，并利用蠕动泵作为流体驱动源，加热器两端施加可调稳压电源，成功实现了微阀的关闭。

未来技术与展望

随着现代技术的发展越来越迅速，以及传染性疾病的频发，免疫检测方面的研究工作越来越受到相关部门的重视，微流控芯片应用前景越来越广阔。

在本书已经完成的研究内容基础上，下一步的主要研究工作将集中在微流控芯片与控制单元的集成和功能扩展等方面，具体工作内容如下：

① 对流体的聚焦功能进一步加强，使其能够形成更稳定、更满足条件的流体形状等。扩展微流控芯片的功能，在现有工作的基础上对通道结构进行调整，加入流体混合、扩散、分离等功能，使得该芯片的功能更强大，满足不同条件下的需求。

② 将控制单元集成入芯片中，使其可以实现对流体的轻松控制，从而满足系统高集成度的要求；同时对微泵展开系统研究工作，使得微流控芯片能够在不需要外接驱动的情况下满足检测等要求，使其功能更强大、使用更方便。

③ 对微阀和微流量计的电路等加强设计，使其功能更加完善，进一步完成封接，形成独立的器件结构。

作为微机械、微加工技术在生命科学领域的延伸，生物芯片技术将随着制作工艺和检测分析手段的飞速发展，成为科学家手中认识世界、改造世界的有利武器。

参考文献

[1] Manz A, Graber N, Widmer H M. Miniaturized total chemical analysis systems: a novel concept for chemical sensing[J]. Sensors and Actuators B, 1990, 1(1-6): 244-248.

[2] Jaeobson S C, Hegrenroder R, Kounty L B, et al. High-Speed sepatations on a Microchip[J]. Anal. Chem., 1994, 66(7): 1114-1118.

[3] Adam T. Woolley, Richard A. Mathies. Ultra-High-Speed DNA Sequencing Using Capillary Electrophoresis Chips[J]. Anal. Chem., 1995, 67(20): 3676-3680.

[4] Hadley D, Landre P, Mathies R A, et al. Functional integration of PCR amplification and capillary electrophoresis in a microfabricated DNA analysis device[J]. Anal. Chem., 1996, 68(23): 4081-4086.

[5] 林炳承, 秦建华. 微流控芯片实验室[M]. 北京: 科学出版社, 2006.

[6] Colin Dalton, Karan V I S Kaler. A cost effective re-configurable electrokinetic microfluidic chip platform[J]. Sensors and Actuators B: Chemical, 2007, 123(1): 628-635.

[7] 叶晓兰, 杜文斌, 古淑青, 等. 小型微流控芯片流式细胞仪的研制[J], 分析化学, 2008(10): 1443-1446.

[8] 牟颖, 金钦汉. 荧光编码微球——流式细胞和生化分析技术及其最新发展[J]. 生命科学仪器, 2003(01): 31-36.

[9] Dan Sameoto, See-Ho Tsang, M Parameswaran. Polymer MEMS processing for multi-user applications[J]. Sensors and Actuators A: Physical, 2007, 134(2): 457-464.

[10] Li Zhu, Li-ya Hou, Wei-yi Zhang. A new fabrication method for glass microfluidic devices used in micro chemical system[J]. Sensors and Actuators B: Chemical, 2010, 148(1): 135-146.

[11] Jaephil Do, Jane Y Zhang, Catherine M Klapperich. Maskless writing of microfluidics: Rapid prototyping of 3D microfluidics using scratch on a polymer substrate[J]. Robotics and Computer-Integrated Manufacturing, 2011, 27(2): 245-248.

[12] Fluri Karl, Fitzpatrick Glen, Chiem Nghia, et al. Integrated capillary electrophoresis devices with an efficient post column reactorin planar quartz and glass chips[J]. Anal. Chem., 1996, 68(23): 4285-4290.

[13] 马立人, 蒋中华. 生物芯片[M]. 2 版. 北京: 化学工业出版社, 2002.

[14] Heyderman L J, Schift H, David C, et al. Flow behaviour of thin polymer films used for hot embossing lithography[J]. Microelectron Eng., 2000, 54(3-4): 229-245.

[15] 王彬, 陈翔, 许宝建, 等. 基于SU-8负胶的微流体器件的制作及研究[J]. 功能材料与器件学报, 2006, 12(3): 215-219.

[16] Yuan Zhao, Wei Chen, Chifang Peng. Facile preparation of fluorescence-encoded microspheres based on microfluidic system[J]. Journal of Colloid and Interface Science, 2010, 352(2): 337-342.

[17] Sonja Vorwerk, Kerstin Ganter, Yang Cheng. Microfluidic-based enzymatic on-chip labeling of miRNAs[J]. New Biotechnology, 2008, 25(2): 142-149.

[18] Gascoyne P R C. Nielectrophoresis-based sample handling in general-purpose programmable diagnostic instruments[J]. Proceedings of the IEEE, 2004, 92(1): 22-42.

[19] Xu Li, Junfei Tian, Gil Garnier. Fabrication of paper-based microfluidic sensors by printing[J]. Colloids and Surfaces B: Biointerfaces, 2010, 76(2): 564-570.

[20] Ho Sang Kwak, Hyoungsoo Kim, Jae Min Hyun. Thermal control of electroosmotic flow in a microchannel through temperature-dependent properties[J]. Journal of Colloid and Interface Science, 2009, 335(1): 123-129.

[21] Yong-Jun Ko, Joon-Ho Maeng, Yoomin Ahn. Real-time immunoassay with a PDMS-glass hybrid microfilter electro-immunosensing chip using nanogold particles and silver enhancement[J]. Sensors and Actuators B: Chemical, 2008, 132(1): 327-333.

[22] H I Smith, D C Flanders. X-Ray-Lithography—a Review and Assessment of Future Applications[J]. Vacuum

Science & Technology, 1980, 17(1): 533-535.

[23] S Y Chou, P R Krauss, P J Renstrom. Imprint lithography with 25-nanometer resolution[J]. Science, 1996, 272(5258): 85-87.

[24] M T Li, L Chen, S Y Chou. Direct three-dimensional patterning using nanoimprint lithography[J]. Applied Physics Letters, 2001, 78(21): 3322-3324.

[25] 孟斐, 陈恒武, 方群, 等. 聚二甲基硅氧烷微流控芯片的紫外光照射表面处理研究[J]. 高等学校化学学报, 2002(23): 1264-1268.

[26] 郑小林, 张瑞强, 杨军, 等. PDMS表面修饰方法的研究进展[J]. 材料导报, 2009(8): 5-8.

[27] 李永刚, 张平, 吴一辉, 等. 聚二甲基硅氧烷表面的氧等离子体改性[C]//第三届全国微全分析系统学术会议, 2005: 55-56.

[28] 王伟山, 易红玲, 郑柏存, 等. 甲基丙烯酸甲酯对纳米SiO_2的表面接枝聚合改性研究[J]. 化工新型材料, 2009: 83-85.

[29] 李晓萤, 左建华, 汪瑾, 等. 纳米SiO_2表面高聚物接枝改性的研究[J]. 塑料工业, 2006, 34(5): 127-128.

[30] 沈新璋, 金名惠. 甲基丙烯酸对纳米SiO_2微粒表面的原位聚合改性[J]. 应用化学, 2003, 20(10): 1003-1005.

[31] Bialk M, Prucker O, Ruhe J. Grafting of polymers to solid Surfaces by using immobilized methacrylates[J]. Colloids and Surfaces A: Physicochemical and Engineering Aspects, 2002, 198/200: 543-549.

[32] Hong R Y, Fu H P, Zhang Y J, et a1. Surface-modified silica nanoparticles for reinforcement of PMMA[J]. Journal of Applied Polymer Science, 2007, 105: 2176-2184.

[33] 包艳辉, 朱宝库, 陈炜, 等. 聚偏氟乙烯微孔膜的亲水化改性及功能化研究进展[J]. 功能高分子学报, 2003(16): 269-274.

[34] Ross G J, Watts J F, Hill M P, et al. Surface modification of poly by alkaline treatment part 1: the degradation mechanism[J]. Polymer, 2000, 41: 1685-1696.

[35] S Natarajan, D A Chang-Yen, B K Gale. Large-area, high-aspect-ratio SU-8 molds for the fabrication of PDMS microfluidic devices[J]. Journal of Micromechanics and Microengineering, 2008, 18(4): 1-11.

[36] M N Qu, B W Zhang, S Y Song, et al. Fabrication of super hydrophobic surfaces on engineering materials by a solution immersion process[J]. Advanced Functional materials, 2007, 17: 593-596.

[37] D Y Ryu, K Shin, E Drockenmuller, et al. A Generalized Approach to the Modification of Solid Surfaces[J]. Science, 2005, 308: 236-239.

[38] A Dupuis, J M Yeomam. Modeling droplets on super hydrophobic surfaces: equilibrium states and transitions[J]. Langmuir, 2005, 21: 2624-2629.

[39] B Liu, F F Lange. Pressure induced transition between super hydrophobic states: Configuration diagrams and effect of surface feature size[J]. Journal of Colloid and Interface Science, 2006, 298: 899-909.

[40] 罗怡, 娄志峰, 褚德南, 等. 玻璃微流控芯片的制作[J]. 纳米技术与精密工程, 2004(3): 20-23.

[41] Mandy F F, Nakamura T, Befgeron M, et al. Overview and application of suspension array technology[J]. Clin Lab Med, 2001, 21: 713-729.

[42] Taylor J D, Briley D, Nguyen Q, et al. Flow cytometric Platform for high-throughout single nucleotide Polymorphism analysis[J]. Biotechniques, 2001, 30: 661-669.

[43] Cao Y C, Liu T C, Hua X F, et al. Quantum dot optical encoded Polystyrene beads for DNA detection[J]. J Biomed Opt, 2006, 11: 054025.

[44] Zhang H F, Liu X W, Peng Z C, et al. Investigation of Thermal Bonding on PMMA Capillary Electrophoresis Chip[J], Advanced Materials Research, 2009, 60-61: 288-292.

[45] 李俊君, 陈强, 李刚, 等. 键合方法对聚二甲基硅氧烷液滴型微流控芯片的影响[J]. 化学学报, 2009, 67(13): 1503-1508.

[46] 金庆辉. 一种玻璃微流控芯片的低温键合方法: 200510023894.7[P].

[47] Berthold A, Nicola L, Sarro P M, et al. Glass-to-glass anodic bonding with standard IC technology thin films as intermediate layers[J]. Sensors and Actuators A: physical, 2000, 82: 224-228.

[48] Lai S, Cao X, Lee L J. A packaging technique for polymer microfluidic platforms[J]. Anal. Chem., 2004, 76: 1175-1183.

[49] Sayah A, Solignac D, Cueni T, et al. Development of novel low temperature bonding teehnologies for microchip

chemical analysis applications[J]. Sens. Actuators A, 2000, 84: 103-108.
[50] Morra M, Ochiello E, Marola R, et al. On the aging of oxygen plasma-treated polydimethylsiloxane surfaces[J]. Colloid and Interface Science, 1990, 137(1), 11-24.
[51] Unger M A, Chou H P, Thorsen T, et al. Monolithic Microfabricated Valves and Pumps by Multilayer Soft Lithography[J]. S. R. Science, 2000, 288, 113-116.
[52] C W Liu, C Gau, B T Dai. Design and fabrication development of a micro flow heated channel with measurements of the inside micro-scale flow and heat transfer process[J]. Biosensors and Bioelectronics, 2004(20): 91-101.
[53] S Udina, M Carmona, G Carles, et al. A micromachined thermoelectric sensor for natural gas analysis: Thermal model and experimental results[J]. Sensors and Actuators B: Chemical, 2008, 134, 551-558.
[54] Rainer Buchner, Christoph Sosna, Marcus Maiwald, et al, A high-temperature thermopile fabrication process for thermal flow sensors[J]. Sensors and Actuators A, 2006, 130: 262-266.
[55] Paolo Bruschi, Alessandro Diligenti, Dino Navarrini, et al. A double heater integrated gas flow sensor with thermal feedback[J]. Sensors and Actuators A, 2005, 123: 210-215.
[56] Ali Sukru Cubukcu, Eugen Zernickel, Uwe Buerklin, et al. A 2-D Thermal Flow Sensor with sub-mW Power Consumption[J]. Sensors and Actuators A, 2010, 1-24.
[57] Van Kuijk J, Lammerink T S J, De Bree H E, et al. Multi-parameter detection in fluid flows[J]. Sens. Actuators A, 1995, 46: 369-372.
[58] Liu Yaxin, Chen Liguo, Sun Lining. A MEMS Flow Sensor and Its Application in Adaptive Liquid Dispensing[C]// 2009 International Conference on Measuring Technology and Mechatronics Automation, 2009: 3-7.
[59] Ali S Cubukcu, Uwe Buerklin, Gerald A Urban. A Thermal Flow Sensor with Liquid Characterization Feature[C]// IEEE SENSORS 2010 Conference, 2010: 2455-2459.
[60] Till Huesgen, Gabriel Lenk, Thomas Lemke, et al. Bistable silicon microvalve with thermoelectrically driven thermopneumatic actuator for liquid flow control[J]. 2010 IEEE 23rd International Conference on Micro Electro Mechanical Systems, 2010, 24: 1159-1162.
[61] Jong-Chul Yoo, Gyu-Sik La, C J Kan, et al. Microfabricated polydimethylsiloxane microfluidic system including micropump and microvalve for inteated biosensor[J]. ScienceDirect, 2008, 8(6): 692-695.
[62] Jong-Chul Yoo, Hyun-Jung Her, C J Kang, et al. Polydimethylsiloxane microfluidic system with in-channel structure for integrated electrochemical detector[J]. Science Direct, 2008, 130(14): 65-69.
[63] Carmen Aracil, Jose M Quero, Antonio Luque, et al. Pneumatic impulsion device for microfluidic systems[J]. Sensors and Acruators A: Physical, 2010, 163(1): 247-254.
[64] Kim J H, Na K H, Kang C. A disposable thermopneumatic actuated microvalve stacked with PDMS layers and ITO2 coated glass[J]. Microelect ronic Engineering, 2004, 73-74(1): 864-869.
[65] Daniel Baechi, Rudolf Buser, Jurg Dual. A high density microchannel network with integrated valves and photodiodes[J]. Sensors and Actuators, 2002, 95(2-3): 77-83.
[66] Daniel Baechi, Rudolf Buser. Suspension handling system[J]. Sensors and Actuators, 2000, 63(3): 195-200.
[67] Jin-Ho Kim, Kwang-Ho Na, C J Kang, et al. A disposable thermopneumatic-actuated microvalve stacked with PDMS layers and ITO-coated glass[J]. Microelectronic Engineering, 2004, 73-73(3): 864-869.
[68] Mongpraneet S, Wisitsora at A, Kamnerdtong T, et al. Simulation and Experiment of PDMS Based Thermopnuematic Microvalve in Microfluidic Chip[C]//2009 6th International Conference on Electrical Engineering, 2009, 2: 458-461.
[69] L M Fu, R J Yang, et al, Electrokinetically driven micro flow cytometers with integrated fiber optics for on-line cell/particle detection[J], Analytica Chimica Acta, 2004, 506: 163-169.
[70] S P Fodor, R P Rava, X Chuang, et al. Multiplexed biochemical assays with biological chips[J]. Nature, 1993, 364(2): 555-556.
[71] Takayama S, McDonald J C, Ostuni E, et al, Patterning cells and their environments using multiple laminar fluid flows in capillary networks[J]. Proc Natl Acad Sci USA, 1999, 96(6): 5545-5548.
[72] Diniz Armani, Chang Liu, Narayan Aluru. Re-configurable Fluid Circuits by PDMS Elastomer Micromachining[J].

IEEE, 1992: 222-227.
[73] Anerson J R, Chiu D T, Jackman R J, et al. Fabrication of Topologically Complex Three-Dimension Microfluidic Systems in PDMS by Rapid Prototyping[J]. Anal. Chem., 2000, 72(3): 3158-3164.
[74] 张立国, 陈迪, 杨帆, 等. SU-8 胶光刻工艺研究[J]. 光学精密工程, 2002, 10(3): 266-269.
[75] S Natarajan, D A Chang-Yen, B K Gale. Large-area, high-aspect-ratio SU-8 molds for the fabrication of PDMS microfluidic devices[J]. Journal of Micromechanics and Microengineering, 2008, 18(4): 1-11.
[76] Prakash AR, Adamia S, Sieben V, et al. Small volume PCR in PDMS biochips with integrated fluid control and vapour barrier[J]. Sens Actuators B, 2005, 113: 398-409.
[77] Stephen Y Chou. RELEASE URFACES, PARTICULARLY FOR USE IN NANOIMPRINT LITHOGRAPHY. US Pat: 6309580 B1, 2001-10-30.
[78] 张晔, 陈迪, 李建华, 等. 降低 SU-8 光刻胶侧壁粗糙度的研究[J]. 压电与声光, 2007, 29(1): 118-121.
[79] Bogdanov L A, Peredkov S S. Use of SU-8 photoresist for very high aspect ratio x-ray lithography[J]. Microelectronics Engineering, 2000, 53: 493-496.
[80] Ghantal G, KhanM. SU8 resist for low-cost X-ray patterning of high-resolution, high-aspect-ratio MEMS[J]. Microelectrionics Journal, 2002, 33: 101-105.
[81] Robin Hui Liu, Sandra B Munro, Tai Nguyen, et al. Integrated Microfluidic Custom Array Device for Bacterial Genotyping and Identification[J]. Journal of the Association for Laboratory Automation, 2006, 11(6): 360-367.
[82] Paul Yager, Thayne Edwards, Elain Fu, et al. Microfluidic diagnostic technologies for global public health[J]. Nature, 2007, 442: 412-418.
[83] Abad E, Merino S, Retolaza A, et al. Design and fabrication using nanoimprint lithography of a nanofluidic device for DNA stretching applications[J]. Microelectron Eng., 2008, 85(5-6): 818-821.
[84] Zhang Bingbo, Chang Jin. A novel method to make hydrophilic quantum dots and its application on biodetection[J]. Materials Science & Engineering B, 2009, 149(1): 87-92.
[85] 关艳霞. 微流控分析系统中微流体驱动技术的研究[D]. 沈阳: 东北大学, 2006.
[86] 方肇伦. 微流控分析芯片的制作及应用[M]. 北京: 化学工业出版社, 2005: 4-158.
[87] X Yu, W Luan. Development of micro chemical, biological and thermal systems in China: A review[J]. Chemical Engineering Journal, 2010, 163(3): 165-179.
[88] Chou S Y, Krauss P R, Renstrom P J. Imprint lithography with 25-nanometer resolution[J]. Science, 1996, 272(5258): 85-87.
[89] Felton M J. Lab on a chip: poised on the brink[J]. Anal. Chem., 2003, 75(23): 505A-508A.
[90] Fodor S P, Read J L, Pirrung M C, et al. Light-directed spatially addressable parallel chemical synthesis[J]. Science, 1991, 35(251): 767-773.
[91] Hong J W, Quake S R. Integrated nanoliter systems[J]. Nat Biotech, 2003, 21(10): 1179-1183.
[92] Vilker T, Janasek D, Manz A. Micro total analysis systems. Recent developments[J]. Anal. Chem., 2004, 76(12): 3373-3386.
[93] Terry S C, Jerman J H, Angell J B A gas chromatographic air analyzer fabricated on a silicon wafer[J]. IEEE Trans Electron Dev, 1979, 26(12): 1880-1886.
[94] Fan Z H, Harrison D J. Micromachining of capillary electrophoresis injectors and separators on glass chips and evaluation of flow at capillary intersections[J]. Anal. Chem., 1994, 66: 177-184.
[95] Harrison D J, Karl Fluri, Kurt Seiler, et al. Micromachining a miniaturized capillary electrophoresis-based chemical analysis system on a chip[J]. Science, 1993, 261(5123): 895-897.
[96] Moser C, Mayr T, Klimant I. Microsphere sedimentation arrays for multiplexed bio-analytics[J]. Analytica Chimica Acta, 2006, 558: 102-109.
[97] Dae Nyun Kim, Yeol Lee, Won-Gun Koh. Fabrication of microfluidic devices incorporating bead-based reaction and microarray-based detection system for enzymatic assay[J]. Sensors and Actuators B, 2010, 137(1): 305-312.
[98] Jeongwoo Lee, Jin Uk Ha, S Choe, et al. Synthesis of highly monodisperse polystyrene microspheres via dispersion polymerization using an amphoteric initiator[J]. Journal of Colloid and Interface Science, 2009, 298(2): 663-671.

[99] L P Wang, P G Shao, J A van Kan, et al. Development of elastomeric lab-on-a-chip devices through Proton Beam Writing (PBW) based fabrication strategies[J]. Nuclear Instruments and Methods in Physics Research B, 2009, 267(12-13): 2312-2316.

[100] Alivisatos A P. Semiconductor clusters, nanocrystals, and quantum dots[J]. Science, 1996, 271, (5251): 933-937.

[101] Kim S, Fisher B, Bawendi M. Type-II quantum dots: CdTe/CdSe(core/shell) and CdSe/ZinTe(core/shell) heterostructures[J]. Journal of the American Chemical Society, 2003, 125(38): 11466-11467.

[102] Chan W, C W, Nie S M. Quantum dot bioconjugates for ultrasensitive nonisotopic detection[J]. Science 1998, 281(5385): 2016-2018.

[103] Xie H Y, Zuo C, Liu Y, et al. Cell-targeting multifunctional nanospheres with both fluorescence and magnetism[J]. Small 2005, 1(5): 506-509.

[104] Zhang H, Wang L P, Xiong H, et al. Hydrothermal synthesis for high-quality CdTe nanocrystals[J]. Advanced Materials, 2008, 15(20): 1712-1715.

[105] Yang Y, Jing L, Yu X. et al. Coating aqueous quantum dots with silica via reverse microemulsion method: Toward size-controllable and robust fluorescent nanoparticles[J]. Chemistry of Materials, 2007, 19(17): 4123-4128.

[106] Liu L P, Peng Q, Li Y D. Preparation of CdSe quantum dots with full color emission based on a room temperature injection technique[J]. Inorganic Chemistry, 2008, 47(11): 5022-5028.

[107] Han R, Yu M, Zheng Q, et al. A Facile Synthesis of Small-Sized, Highly Photoluminescent, and Monodisperse CdSeS QD/SiO_2 for Live Cell Imaging[J]. Langmuir, 2009, 25(20): 12250-12255.

[108] He R, You X, Shao J, et al. Core/shell fluorescent magnetic silica-coated composite nanoparticles for bioconjugation[J]. Nanotechnology, 2007, 18(31): 7.

[109] Xiong H M, Wang Z D, Xia Y Y. Polymerization initiated by inherent free radicals on nanoparticle surfaces: A simple method of obtaining ultrastable(ZnO)polymer core-shell nanoparticles with strong blue fluorescence[J]. Advanced Materials, 2006, 18(6): 748-751.

[110] Cao Y C, Huang Z L, Liu T C, et al. Preparation of silica encapsulated quantum dot encoded beads for multiplex assay and its properties[J]. Analytical Biochemistry, 2006, 351(2): 193-200.

[111] 黄振立, 王海桥, 曹元成, 等. 基于编码微球的筛选方法[J]. 分析化学, 2006, 34(6): 879-883.

[112] Nicolae Damean, Paul P L Regtien, Miko Elwenspoek. Heat transfer in a MEMS for microfluidics[J], Sensors and Actuators A, 2003, 105: 137-149.

[113] A F P van Putten, S. Middelhoek. Integrated silicon anemometer[J]. IEEE Electron Lett., 1974, 10: 425-426.

[114] K Petersen, J Brown. High-precision, high-performance mass-flowsensor with integrated laminar flow in micro-channels[J]. in: Proceed-ings of Transducers'85, 1985: 361-363.

[115] 肖丽君, 陈翔, 汪鹏, 等. 微流体系统中微阀的研究现状[J]. MEMS 器件与技术, 2009, 46(2): 91-98.

[116] Adams M. The sequence of the human genome[C]//5th Annual Internatinal Conference on Computational Biology, 2001.

[117] Till Huesgen, Gabriel Lenk, et al. Bistable silicon microvalve with thermoelectrically driven thermopneumatic actuator for liquid flow control[C]//2010 IEEE 23rd International Conference on Micro Electro Mechanical Systems, 2010: 1159-1162.

[118] Jong-Chul Yoo, Gyu-Sik La, C J Kang, et al. Microfabricated polydimethylsiloxane microfluidic system including micropump and microvalve for inteated biosensor[J]. ScienceDirect, 2008, 8(6): 692-695.

[119] Jong-Chul Yoo, Hyun-Jung Her, C J Kang, et al. Polydimethylsiloxane microfluidic system with in-channel structure for integrated electrochemical detector[J]. Science Direct, 2008, 130(14): 65-69.

[120] Carmen Aracil, Jose M Quero, A Luque, et al. Pneumatic impulsion device for microfluidic systems[J]. Sensors and Acruators A: Physical, 2010, 163(1): 247-254.

[121] Kwang W Oh, Chong H Ahn. A review of microvalves[J]. Journal Of Micromechanics AndMicroengineering, 2006, 16(5): R13-R39.

[122] Terry S C, Jerman J H, Angell J B. A gas chromatographic air analyzer fabricated on a silicon wafer[J]. IEEE Transactions on Electron Devices, 1979, 12(46): 1880-1886.